U0322931

中传学者文库编委会

1954-2024

中传学者文库

主编/柴剑平　执行主编/龙小农　副主编/张毓强　周建新

以艺塑城

武定宇自选集

武定宇　著

中国传媒大学出版社

·北京·

图书在版编目（CIP）数据

以艺塑城：武定宇自选集 / 武定宇著 . -- 北京：中国传媒大学出版社，2024. 8.

（中传学者文库 / 柴剑平主编）.

ISBN 978-7-5657-3744-2

Ⅰ . TU984.1-53

中国国家版本馆 CIP 数据核字第 2024WC0889 号

以艺塑城：武定宇自选集
YIYI SUCHENG：WU DINGYU ZIXUANJI

著　　者	武定宇	
责任编辑	于水莲	
封面设计	锋尚设计	
责任印制	李志鹏	

出版发行	中国传媒大學出版社			
社　　址	北京市朝阳区定福庄东街 1 号		邮　　编	100024
电　　话	86-10-65450528　65450532		传　　真	65779405
网　　址	http://cucp.cuc.edu.cn			
经　　销	全国新华书店			
印　　刷	北京中科印刷有限公司			
开　　本	710mm×1000mm　1/16			
印　　张	15.5			
字　　数	237 千字			
版　　次	2024 年 8 月第 1 版			
印　　次	2024 年 8 月第 1 次印刷			
书　　号	ISBN 978-7-5657-3744-2/TU·3744		定　　价	76.00 元

本社法律顾问：北京嘉润律师事务所　郭建平

总　序

　　媒介是人类社会交流和传播的基本工具。从口语时代到印刷时代，再经电子时代至今天的数智时代，媒介形态加速演变、融合程度深入发展，媒介已然成为现代社会运行的基础设施和操作系统。今天，人类已经迈入媒介社会，万物皆媒、人人皆媒，无媒介不社会、无传播不治理。今天，无论我们怎么用力于信息传播的研究、怎么重视信息传播人才的培养都不为过。

　　中国传媒大学（其前身为北京广播学院）作为新中国第一所信息传播类院校，自1954年创建伊始，即与媒介形态演变合律同拍、与国家发展同频共振，努力探索中国特色信息传播人才培养模式、构建中国信息传播类学科自主知识体系，执信息传播人才培养之牛耳、发信息传播研究之先声，被誉为"中国广播电视及传媒人才摇篮""信息传播领域知名学府"。

　　追溯中传肇始发轫之起源、瞩望中传砥砺跨越之未来，可谓创业维艰而其命维新。昔日中传因广播而起，因电视而兴，因网络而盛，今天和未来必乘风破浪、蓄势而上，因人工智能而强。在这期间，每一种媒介兴起，中传均吸引一批志于学、问于道、勤于术的学者汇聚于此，切磋学术、传道授业，立时代之潮头，回应社会需求，成为学界翘楚、行业中坚，遂有今日中传学术研究之森然气象，已历七秩而弦歌不断，将传百世亦风华正茂。

自新时代以来，中传坚守为党育人、为国育才初心，励精图治、勠力前行，秉承"系统治理、创新图强、交叉融合、特色发展"的办学理念，牢牢把握高等教育发展大势、传媒业态发展趋势，瞄准"智能传媒"和"国际一流"两大主攻方向，以世界为坐标、以未来为向度，完成了全面布局和系统升级，正在蹄疾步稳、高质量推动学校从传统高等教育向未来高等教育跨越、从传统传媒教育向智能传媒教育跨越、从国内一流向世界一流跨越，全力建设中国特色、世界一流传媒大学。

中国特色、世界一流，在于有大先生扎根中国大地，汇聚古今、融通中外；在于有大先生执教黉门，学高为师、身正为范；在于有大先生躬耕杏坛，敦品积学、启智润心。习近平总书记更强调，高校教师要立志成为大先生，在教书育人和科研创新上不断创造新业绩。中传广大教师素来以做大先生为毕生职志，努力成为新时代"经师"与"人师"的统一者，做真学问、立高品行，践履"立德树人"使命。

2024岁在甲辰，欣逢中传建校70华诞，学校特邀约部分学者钩玄勒要、增删批阅，遴选已公开刊发的论文汇编成集，出版"中传学者文库"，意在呈现学校在学科建设、科学研究、服务行业实践等方面的最新成果，赓续中传文脉，谱写时代新声。

文库汇聚老中青三代学者，资深学者渊渟岳峙、阐幽抉微；中年学者沉潜蓄势、厚积薄发；青年学者踌躇满志、未来可期。文库与五十周年校庆所出版的"北广学者文库"相承接，大致可勾勒中传知识生产薪火相传、三代辉映之概貌，反映中传在构建中国特色新闻传播类、传媒艺术类、传媒技术类学科体系、学术体系和话语体系方面的耕耘与收获，窥见中国特色信息传播类学科知识体系构建的发展脉络与轨迹。

这一构建过程，虽筚路蓝缕，却步履铿锵；虽垦荒拓野，亦四方辐辏。一批肇始于中传，交叉融合、具有中国特色的学科，如播音主持艺术学、广播电视艺术学、传媒艺术学、数字媒体艺术学、政治传播学等，从涓涓细流汇入滔滔江河，从中传走向全国，展现了中传学者构建中国自主知识体系的学术想象力和创新力。文库展示的虽然是历史，实则是呈现今天；看似是总结过去，实则是召唤未来。与其说这套文库的出版，是对既有学术成果的展示，毋宁说是对未来学术创新的邀约。

回首过往，七秩芳华。我们深知，唯有将马克思主义基本原理与中华优秀传统文化相结合，才能推动中华学术创造性转化和创新性发展，推动中国自主知识体系的构建。我们深知，唯有准确把握媒介形态演变的脉动、深刻认知媒介形态变革所产生的影响，才能推动中国信息传播类学科自主知识体系的构建与时俱进。

展望未来，星辰大海。我们深知，以人工智能为代表的产业和科技革命正迅疾而来，媒介生态正在加速重构，教育形态正在全面重塑，大学之使命与价值正在被重新定义；我们深知，唯有"胸怀国之大者"、面向世界科技前沿、面向经济主战场、面向国家重大需求，才能确保中传始终屹立于中国乃至世界传媒教育发展之潮头。

如何应对人工智能带来的深刻变革，对中传而言是一场要么"冲顶"、要么"灭顶"的"兴亡之战"。我们坚信，不管前方是雄关漫道，还是荆棘满途，唯有勇敢直面"教育强国，中传何为？"这一核

心命题，奋力书写"智能传媒教育，中传师生有为！"的精彩答卷，才能化危为机，奋力开创人工智能时代中传智能传媒教育新纪元。

功不唐捐，芳华七秩；风帆正举，赓续创新。

是为序。

第十四届全国政协委员，中国传媒大学党委书记、教授、博士生导师

序 言

　　文化是城市的灵魂，城市是文化的容器，艺术则是城市文化生长的催化剂。"公共艺术"是一个来自西方的概念，伴随着中国城镇化建设的飞速发展，于20世纪90年代被引入国内，逐步展开了本土化的实践和研究，并在一定程度上吸纳了中华人民共和国成立以来城市雕塑的建设成就。然而，任何一种引入的理论或概念，都得经过本土化、民族化的发展才能落地生根。

　　中国公共艺术和城市雕塑作为现代公共文化服务体系建构的重要组成部分，需被放置于公共文化的语境中来加以审视。在新时代背景下，应当从价值取向上定义中国公共艺术和城市雕塑，即"服务于人民的艺术"。在微观层面，中国公共艺术和城市雕塑创作服务于新型城镇化建设与城市更新的具体社会需求；在宏观层面，其以潜移默化的方式更新人们固有的思维观念，引领着城市文化的创造，接续着城市的历史文脉，构建着社会主义文化与精神文明建设，具有极其强大的生命力和延展性。但是需要注意的是，中国公共艺术的本土化道路任重道远，当前很多理论与创作还存在生搬硬套的弊病，机械参照国外案例，未能充分汲取中国本土的文化养分和服务于中国式现代化的现实需求。

　　"话语"与"叙事"理论是20世纪人文学科"语言学转向"的重要成果，揭示了语言本身的巨大力量。在创作中，艺术语言本身

即带有深刻的文化烙印、预设立场，并在接受过程中被转化为现实的行动力。公共艺术和城市雕塑创作的话语与叙事体系可被概括为逻辑、文本和技巧三个层面，其内在的联动决定了创作的终极方向。构建中国公共艺术和城市雕塑的话语与叙事体系，是一个系统问题。不仅要在"术"的层面，以纯熟的技巧和精彩的文本，发扬中华民族文化特色，展现中国美学精髓，吸引受众，激发共鸣；更要在"道"的层面，建立中国立场的话语呈现，将中华文明的古老基因与当代中国的先进文化相融合，以具有立足本土、世界眼光的格局，讲好中国故事、传播好中国声音，展现可信、可爱、可敬的中国形象。

只有民族的，才是世界的。新时代中国公共艺术和城市雕塑的发展要立足本土，用历史的眼光去判断今天的创造，以具有中国特色的艺术语言和叙事方式，打造可生长、有态度、有温度的艺术文化场景，积淀属于时代且足以传之后人的文化遗产，从而增强中华文明的传播力与影响力。

武定宇

2024 年 7 月

目 录

公共艺术研究

雕塑与城市雕塑研究

文化与实践研究

公共艺术研究

融合与演变*
——论中国公共艺术的发展历程

"公共艺术"是近年来国内艺术界的热点话题。舶来的"公共艺术"在中国有着自身特殊的发展路径，将其置于20世纪以来的整个大背景中，中国公共艺术的理论伴随其实践不断发展。先前的研究通常是从雕塑、壁画、城市雕塑的视角来进行研判，对公共艺术发展历程的判断含糊其词。实际上，中国公共艺术发展到现在仍应用初期阶段来定义，并没有达到部分学者所谈的相对多元、成熟的阶段。考虑到公共艺术是一种与政治、社会紧密联系的艺术类型，本文以民族解放、文化自立的中华人民共和国的成立为研究起点，在国家发展和社会进步的宏观背景下，分析中国公共艺术与国家政策、民族文化之间的关系，梳理中国公共艺术面貌的形成和生长脉络，探究其孕育土壤的变化发展因素，最终把中国公共艺术的发展分为三大时期：1949—1978年的萌芽期；1978—1999年的探索期；1999年至今的发展期。每个时期又存在着不同趋向的发展阶段，阶段的量变促成了时期的质变。

一、中国公共艺术萌芽期：中华人民共和国成立到改革开放

中华人民共和国成立之初，毛泽东就作出了"随着经济建设高潮的到来，必将迎来文化建设的高潮"的论断，中国的文化政策得以发展。"古为

---

* 本文原载于《装饰》2015年第11期，收入本书时略有删改。

今用、洋为中用""推陈出新"和"百花齐放、百家争鸣"等重大文化方针的提出，促进了中国文化艺术事业的发展。此时，以雕塑、壁画的方式呈现的公共艺术胚芽在国家意识形态主导下生长，有着明显的革命化、政治化特征，个性被共性取代，个体被集体代替，作品往往体现出这个时代特有的万众一心的集体意识。这一时期的公共艺术处于萌芽状态，有三个发展阶段的变化。

（一）1949—1958 年，建设人民的"新文艺"阶段①

中华人民共和国成立之初，百废待兴，一切事务和建设都在党的领导下有序进行。公共艺术也在国家资金的保障下，以纪念性题材为主，开始了强调历史书写、构建国家精神、增强民族凝聚力的创作。1949 年 7 月，全国政治协商会议筹备会在《人民日报》上公开征集国旗、国徽等国家象征的设计稿（见图 1）。国旗、国徽代表着国家主权和民族独立，代表着民族精神和人民心声，其产生过程受到全国人民的集体关注。这种集体关注无疑增强了民众的民族自豪感和爱国主义情感。作品的选定过程具有"公共性"：国旗的设计者是来自浙江瑞安的普通人曾连松；国徽的设计者是梁思成、张仃、林徽因等人，他们集体努力创作，经过多轮修订，甚至国家领导人也参与了设计过程②。1949 年 9 月 30 日，中国人民政治协商会议第一次全体会议确定了在北京天安门广场建造人民英雄纪念碑（见图 2）。这是目前唯一由国家最高领导人亲自奠基、多位国家领导人共同参与的创作，其建筑部分由著名建筑师

---

① 1949 年 7 月，第一次中华全国文学艺术工作者代表大会在北京召开，郭沫若代表中共中央作了题为《为建设新中国的人民文艺而奋斗》的总报告，明确提出了"毛泽东文艺新方向"的思想和"建设新中国的人民文艺"的目标。

② 1949 年 7 月 4 日，新政治协商会议筹备会第六小组召开第一次会议，决定公开征求国旗、国徽图案及国歌词谱。拟定了的《征求国旗、国徽图案及国歌词谱启事》要求国旗、国徽的设计和国歌词谱撰写应注意中国特征和政权特征；对国旗、国徽的设计形式、比例和颜色作了具体规定；对国歌词谱寓意、用语提出了明确要求。会议还决定设立国旗、国徽图案评选委员会及国歌词谱评选委员会，分别聘请专家参加。7 月 14 日，征集启事分别送《人民日报》《光明日报》《大众日报》等报纸公布发表。

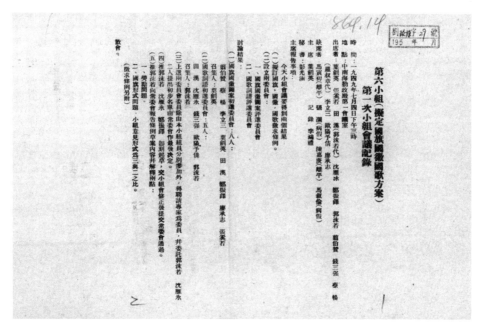

图1　新政协筹备会常委会第六小组拟定国旗、国徽、国歌方案会议记录 / 中央档案馆提供

图2　梁思成、刘开渠、曾竹韶、王丙照等，《人民英雄纪念碑》，总高 3794cm，1958 年，北京

梁思成主持设计，雕塑部分由著名雕塑家刘开渠主持创作，是一件集合了全国人民力量完成的作品，也是极具新中国时代特色、代表国家意志和民族精神的公共艺术作品（见图3、图4）。

公共艺术在胚芽阶段的创作基本上以写实主义风格为主。1952年11月，《向苏联艺术家学习》在《人民日报》上发表后，“苏联模式”[①]开始席卷全国。1956—1958年，文化部邀请苏联专家尼古拉·尼古拉耶维奇·克林杜

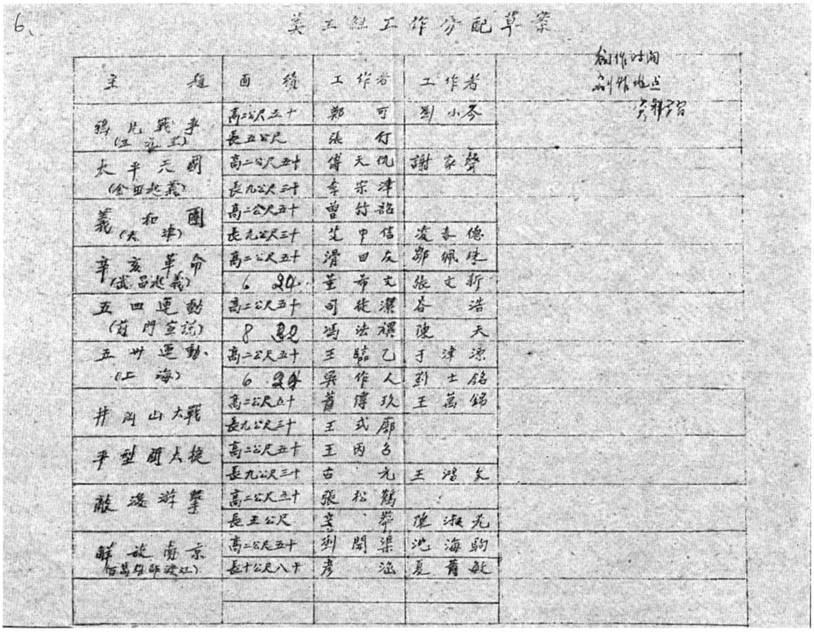
6、 美工組工作分配草案

主題	面積	工作者	工作者	創作時間 創作地點
鴉片戰爭（三元里）	高二公尺五十	鄭可	劉小岑	
	長五公尺	張矸		
太平天國（金田起義）	高二公尺五十	傅天仇	謝家聲	
	長九公尺三十	李宗津		
義和團（天津）	高二公尺五十	曾竹韶		
	長九公尺三十	艾中信	凌春德	
辛亥革命（武昌起義）	高二公尺五十	滑田友	鄭佩琮	
	6 20	董希文	張文新	
五四運動（前門宣説）	高二公尺五十	司徒潔	谷浩	
	8 22	馮法禩	陳天	
五卅運動（上海）	高二公尺五十	王臨乙	于津源	
	6 29	吳作人	劉士銘	
井岡山大戰	高二公尺五十	蕭傳玖	王萬錦	
	長九公尺三十	王式廓		
平型關大捷	高二公尺五十	王丙召		
	長九公尺三十	古元	王鴻文	
敵後游擊	高二公尺五十	張松鶴		
	長五公尺	辛莽	陳淑光	
解放南京（百萬雄師渡江）	高二公尺五十	劉開渠	沈海駒	
	長十公尺八十	彥涵	夏肖敏	

图3 人民英雄纪念碑美工组工作分配草案 / 北京画院提供

---

① 1952年11月15日《人民日报》发表社论《向苏联艺术家学习》，1953年一切工作开始转入“苏联模式”，向苏联学习社会主义现实主义美术创作与教育模式在中国推广，开始了第一批中国社会主义的主题性美术创作。1956—1958年，受文化部的委托，苏联苏里科夫美术学院的雕塑专家尼古拉·尼古拉耶维奇·克林杜霍夫来华主持“雕塑训练班”。训练班于1956年3月成立，1958年6月结束，一共23人，成员主要是全国各艺术院校的年轻教师。1958年6月14日，文化部、全国美协、中央美院联合举办了“雕塑训练班毕业作品展览”，并在会场上举行了“毕业创作答辩会”。相关资料参见邵靖．中国现代城市雕塑发展研究［D］．苏州：苏州大学，2013：85，88.

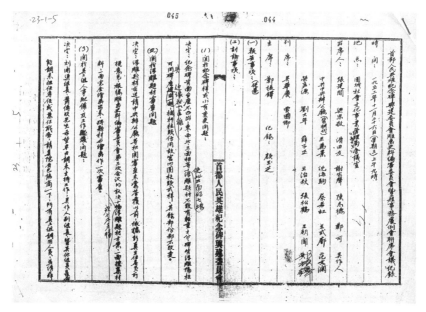

图 4　人民英雄纪念碑兴建委员会会议记录 / 北京画院提供

霍夫在中央美术学院开设雕塑训练班，培养了苏晖、时宜、陈启南等 23 名学员，推动了一批社会主义现实主义创作人才的出现。1953—1966 年，国家陆续选派了钱绍武、董祖诒、曹春生、司徒兆光、王克庆等人赴苏联学习雕塑，他们把苏联完整的雕塑教学模式带回了国内。但在此之前，即 20 世纪 50 年代之前，美术院校接受的是一套法国的雕塑教育模式，这是从 1928 年留法学生李金发回国后开始的，随后又有留法学生王静远、王临乙、刘开渠、滑田友、曾竹韶等人加入，将他们学到的欧洲古典写实主义的创作风格带到了中国。于是，中国雕塑经历了一段苏联模式和法国模式相互碰撞的前行时期。后来随着国家意识的引导，苏联模式的雕塑风格逐渐成为主流，并出现了一批优秀的设立在室外空间的历史人物作品，如《毛泽东像》《蔡元培像》《志愿军像》《刘胡兰像》等，多为宣扬国家民族独立、纪念革命胜利成果的题材。同时在公共建筑中出现了带有民族特色和浪漫主义意味的作品，即吴作人、艾中信于 1957 年在北京天文馆大厅完成的新中国第一幅天顶壁画。这幅以古代神话为题材的壁画，给公共艺术胚芽的生长注入了活力。

国家意识到雕塑在室外空间的价值，开始有意识地关注和组织室外雕塑的建设。1956 年 5 月，文化部在北京组织召开中国雕塑工厂建厂会议[①]，决定在中央美院雕塑工作队的基础上成立中国雕塑工厂，由文化部领导[②]制定规划目标，尽管其是在计划经济背景下产生的艺术管理，却是对公共艺术胚芽发展的体制支持。文化部提出的文艺团体实行经济上"自给自足，自负盈亏"的方针，这种市场经济的理念为中国公共艺术走向社会提供了思路。雕塑工厂首先实行底薪分红制，增强个体积极性，集体创作的优势得以彰显，并很快影响到全国。这为公共艺术下一阶段的发展做足了准备。

（二）1958—1966 年，"双结合"模式下的公共创作阶段

第一个五年计划完成后，中国开始全面建设社会主义的新时期。1958 年 5 月，中共八大二次会议制定了"鼓足干劲，力争上游，多快好省地建设社会主义"的总路线。1958 年 3 月 22 日，中国美协发出倡议书，号召各地分会及美术家们鼓足干劲，促成美术工作的"大跃进"。同年 9 月 2 日，郭沫若在《人民日报》发文支持文艺"大跃进"[③]，美术家上山下乡与美术宣传工作相继进行，一场群众美术运动就此展开。1958 年 4 月 20 日至 30 日在京召开的全国农村群众文化艺术工作会议，将群众美术运动推向高潮。[④]随后，全国各地掀起的声势浩大的"新壁画运动"尤为引人注目，到 1960 年才完全停止，成为一场政治催生的艺术普及运动。同时，在党的八大二次会议上，毛泽东提

① 1956 年 5 月，文化部在北京召开中国雕塑工厂建厂会议，着重讨论雕塑工厂的方针、雕塑工作的全面规划、雕塑工作干部的培养及雕塑企业的发展等问题，提出在第二个五年计划结束时，在全国的 10 个大城市中修建雕塑 360 余件，在第三个五年计划结束时，比第二个五年计划完成的作品增加一倍左右的目标。

② 殷双喜.蓦然回首：半个世纪的足迹［EB/OL］.（2012-01-25）［2024-04-22］. https://www.cafa.com.cn/cn/opinions/article/details/813421.

③ 1958 年 9 月 2 日，郭沫若在《人民日报》发表《跨上火箭篇》，提出文艺也要"大跃进"。在京雕塑组的 96 位雕塑家计划创作大小雕塑 1507 件，同时编写研究民族雕塑遗产的著作 12 万字。

④ 王先岳."大跃进"时代的美术界与新壁画运动［J］.美术学报，2009（2）：41.

出了革命现实主义与革命浪漫主义相结合的创作方法。周扬在 1958 年的《红旗》创刊号上发表《新民歌开拓了诗歌的新道路》一文，对"双结合"的创作方式进行了具体阐述，"双结合"正式成为文艺创作的新指向。从社会主义现实主义到"双结合"文艺观的转变，与当时的社会状况密切相关，这是因中国与苏联关系逐步恶化而产生的一种文化觉醒。

随着"十大建筑"工程的筹建，室外雕塑建设有了新发展，国家再次发动全国老、中、青年雕塑家进行集体创作。这是中国室外雕塑创作的第二次高潮。革命现实主义与革命浪漫主义双结合的创作方式得以落实，其中最具代表性的作品当属全国农展馆前的《人民公社万岁》（又名《庆丰收组雕》）（见图 5、图 6）。这组室外雕塑历时 9 个多月完成，与农展馆的建筑环境遥相呼应，达到了极高的艺术水准。作品整体形态饱满且富有张力，人物精神焕发、斗志昂扬，创作风格带有浓郁的民族特色，饱含着创作者对新中国建设阶段性的总结和赞扬，抒发了其心中多年以来振兴国家和民族的热情。这一时期的雕塑作品特别注重塑造语言与环境空间、建筑之间的关系，其体量、尺度都进行过严格的测算。例如，军事博物馆大门两侧的《全民皆兵》《陆海空组雕》，人物造型庄严凝重，创作题材与建筑的性质极为贴切，作品的尺度、体量与建筑格局和谐均衡。

"双结合"的创作方法还激发了以象征为表达手法的雕塑创作，广州城市地标《五羊石像》便是一例。坐落在越秀

图 5　农展馆雕塑创作组在洛阳龙门石窟考察时合影 / 张秉田提供

图 6 　农展馆雕像落成参观照片 / 王良提供

山的《五羊石像》，在古代传说结合写实的基础上，通过借物抒情的方式塑造了五只神态各异的仙羊，打破了室外雕塑只塑造人像的惯例，开了中国公共艺术呈现城市精神的先河。受到此作品的影响，中国公共艺术胚芽的发展有了一些细微的变化。艺术家不仅对创作对象和题材有了新的尝试，也开始改变作品与空间、环境、人的关系。例如，1962 年前后为配合哈尔滨江畔公园（现称"斯大林公园"）建设完成的《天鹅》《母子鹿》《小画家》《江母子》等一系列雕像，作品接近真人尺寸，拉近了人与作品的关系，成为中国最早的景观园林雕塑。[①] 这种带有人文关怀的作品无疑影响了后来的

---

① 1961—1962 年中国雕塑工厂组织建设完成斯大林公园的《白天鹅》《游泳》《母子鹿》《小风琴家》《女大学生》《小画家》《江母子》7 件作品，深受广大群众好评。这是中华人民共和国成立后最早的景观园林雕塑。整理于《20 世纪中国城市雕塑·百年雕塑大事记》中殷双喜所写《蓦然回首：半个世纪的足迹》一文。

公共艺术发展。

（三）1966—1978 年，单一趋向艺术创作阶段

"文化大革命"迅速消散了公共艺术的新气象，艺术家加入阶级斗争的浪潮之中，批判与被批判成为主流声音，所谓的"公共空间"无从谈起。1967 年 5 月清华大学竖立了"文革"期间第一个毛泽东像，各地、各单位争相效仿。领袖像创作水平参差不齐，甚至出现了完全复制，像"样板戏"一样采取模式化处理方式。虽然毛泽东也意识到这种一哄而上建造自己塑像的做法不妥，并及时作出了批示[1]，但在当时的情境下，制止指令难以落实。

在相对单一的创作氛围中也不乏精品的存在，如沈阳市红旗广场组雕《毛主席无产阶级革命路线胜利万岁》（现称《胜利向前》）[2]，作品政治主题鲜明，气势磅礴，富有激情，雕塑语言诚恳朴实，饱含力度，整件作品是这个时代艺术工作者的真实写照，堪称该阶段纪念性公共雕塑作品的经典之作。在"文化大革命"之后，1976 年国家组织了全国 18 个省市 103 位雕塑工作者共同创作毛主席纪念堂雕像，用 1 年的时间完成了毛主席汉白玉坐像、（见图 7、图 8）、《丰功伟绩》组雕等 5 件优秀作品。这批雕塑是艺术大革命创作的尾音，但全国优秀雕塑人才的聚集，促成了雕塑界首次难得的交流与沟通，为下一步城市雕塑规划组的成立奠定了基础。

---

[1] 1967 年 7 月 5 日，毛泽东做过"此类事法劳民伤财，无益有害，如不制止，势必会刮起一阵浮华风，请在政治局常委扩大会上要论一次，发出指示，加以制止"的批示。有林.中华人民共和国国史通鉴（第 3 卷）[M].北京：红旗出版社，1993：405.

[2] 群雕《毛主席无产阶级革命路线胜利万岁》建成后改名为《毛泽东思想胜利万岁》，现称《胜利向前》，位于沈阳市红旗广场（该广场现已改回为"文革"前的名称"中山广场"），创作时间为 1967 年 11 月至 1970 年 1 月，由田金铎领衔，高秀兰、张玉礼、杨美应、陈绳正、庞乃轩、张秉田、易振瀛、贺中令、赵判吉、孙家彬、丁伟年、高保田、薛士哲、宋文元共同创作完成（参见《20 世纪中国城市雕塑》一书）。

图7　叶毓山、张松鹤等,《毛主席坐像》, 高350cm, 1977年, 毛主席纪念堂

012

图 8　毛主席纪念堂落成典礼

二、中国公共艺术探索期：改革开放初期到世纪之交

1978 年 12 月，党的十一届三中全会在北京召开。在"解放思想、实事求是"思想的指导下，邓小平总结了以往文化建设的经验和教训，对文化"为人民大众服务、为政治服务"的方针进行了调整，提出了"建设社会主义精神文明"的命题和文化建设要"面向现代化、面向世界、面向未来"的战略方针，重申了"百花齐放、百家争鸣"的指导方针，明确了不仅文化艺术的形式、风格可以自由争鸣，文化艺术作品的思想内容也要百花齐放，并为此制定了繁荣文化艺术创作、发展群众文化活动和加强中外文化交流的许多具体政策，为中国公共艺术的探索创造了条件。

公共艺术在原有的以公共雕塑、公共壁画为主体传达政治意识的方式下开始转变，公众思想意识逐步得到解放，具有公共艺术性质的管理机制开始建立，公共艺术的建设和组织管理得到空前关注。"85 新潮"之后，西方现代主义之风加速了中国文艺思想的觉醒，公共雕塑的形式、创作题材有了新

的拓展。对环境、建筑、雕塑、公共空间的讨论日趋激烈，随着以经济建设为中心，市场化、城市化发展进程的加速，中国公共艺术出现了一个高产期。但这个时期也是中国公共艺术走弯路的阶段，一些符号化、庸俗化的作品出现在公共空间里，使公共艺术在这个时段成了"城市垃圾"的代名词，并直到 20 世纪 90 年代末才摆脱臭名，逐步形成带有真正意义的公共艺术主张。这个时期的公共艺术经历了美化城市和艺术蜕变两个阶段。

（一）1978—1989 年，公共意识形成阶段中的城市美化阶段

改革开放带来了文艺发展的生机。1979 年 9 月 26 日落成的机场壁画打开了公共艺术的新局面。改革开放之际创作的机场壁画，引起了文艺界乃至国家领导人参与的大讨论，其社会价值远超艺术价值，成为时代变革的注脚，代表艺术从政治的枷锁中摆脱出来，开启了艺术美化城市、装点空间、走向公共空间、走向公众生活的新时代（见图 9）。

图 9　采访机场壁画《泼水节——生命的赞歌》的作者袁运生

毛主席纪念堂雕塑的筹建激起全国雕塑家关于室外雕塑的大讨论，对公共艺术的呼声与改革开放的春风不期而遇。1979 年 11 月 14 日至 12 月 17 日，由刘开渠任团长的 11 人欧洲考察团完成了为期 33 天的欧洲户外雕塑专项学习考察计划。考察团回国以后，编撰了《雕林漫步》一书，全面地介绍了在欧洲见到的公共雕塑成功案例，并组织全国各大城市的干部和雕塑家学习，把公共雕塑的发展与美化城市环境、建设精神文明联系在一起。考察团还向中央领导汇报并建议发展公共雕塑，介绍了意、法两国公共雕塑建设项目的资金比例、雕塑家和建筑师的合作机制等，在全国展开了关于公共雕塑事业

发展的积极讨论，中央领导也给予了积极回应。[①]1980 年，中国美术家协会
第三次会议上，刘开渠、傅天仇等提出的《发展雕塑艺术事业的建议》经中
国美术家协会起草，于 1982 年定稿，后经文联主席周扬上报为 411 号中央传
阅文件《关于全国重点城市开展雕塑建设的建议》，得到党中央的批准，"城
市雕塑"第一次被官方确认。1982 年 8 月 17 日，城乡建设环境保护部[②]、文
化部、中国美术家协会共同领导的全国城市雕塑规划组成立，并设全国城市
雕塑艺术委员会，配套专项资金。[③] 随后，全国各省、自治区、直辖市相继成
立了城市雕塑的领导与管理机构，再加上 1987 年全国城市雕塑规划组《城市
雕塑创作设计资格证书》的颁发条例（试行草案）、全国首届城市雕塑优秀作
品评选会议（见图 10 ），以及 1990 年《关于城市雕塑建设管理工作的几点意
见》等文件的发布，中国的公共艺术管理机制逐步形成，符合公共空间美化
需求的一批优秀作品陆续出现。

图 10　全国首届城市雕塑优秀作品奖评选会议 / 吉信提供

① 家海 ."全国城市雕塑规划组成立始末"[J]. 中华儿女，2014（3）：90.
② 1988 年 5 月撤销改为"建设部"，2008 年 3 月改为"住房和城乡建设部"。
③ 家海 ."全国城市雕塑规划组成立始末"[J]. 中华儿女，2014（3）：92.

1980 年珠海的《珠江渔女》、1984 年深圳的《开荒牛》（见图 11）、1985年赠送日本的《和平少女》、1986 年重庆的《歌乐山烈士纪念碑》和兰州的《黄河母亲》（见图 12）、1987 年广州的《广州起义纪念碑》，以及随后的《蔡元培像》《八女投江》《李大钊像》等，反映出艺术在公共空间出现的可能性变多，并打破了国家组织领导的集体创作模式，有了艺术家个人的声音，公共艺术界开始出现百家争鸣、百花齐放的局面。但从整体上看，这一阶段的创作基本上虽然还是革命现实主义、革命浪漫主义题材和纪念性公共艺术创作的延续，但有了更多新的尝试。例如，江碧波、叶毓山创作的《歌乐山烈士纪念碑》，尽管还是以纪念性为主题的创作，但在创作主题、艺术造型和语言上都有了整体性的突破；潘鹤创作的《开荒牛》可以说是《五羊石像》的延续，但其以直接提炼城市精神为目的；何鄂创作的《黄河母亲》是最早以女性形象出现在公共空间的大型作品。

图 11　潘鹤，《开荒牛》，高 290cm，1984 年，深圳

图 12　何鄂,《黄河母亲》, 高 260cm, 1986 年, 兰州

　　到了 20 世纪 80 年代的后期, 随着 "85 新潮", 具有现代主义艺术语言的创作开始出现, 抽象、变形、荒诞的作品打破了相对传统单一的现实主义创作模式。1985 年 9 月初步建成的石景山雕塑公园开创了雕塑造景和植物造园的中国雕塑公园的先河。中国公共艺术的创作方向开始从 "双结合" 模式向市民化、生活化、现代化转变。

　　随着人们公共空间环境意识的增强, 关于雕塑与建筑、环境之间关系的讨论日益深入。1981 年, 刘开渠在《光明日报》发表的《谈谈北京市规划问题》一文, 提出了雕塑美化城市和园林规划的问题, 呼吁全国把室外雕塑当作精神文明建设的一项任务来实施; 1981 年潘鹤在《美术》第 7 期发表了《雕塑的主要出路在室外》一文, 指出未来户外雕塑创作的重要可能性; 1982 年梁鸿文在《世界建筑》第 5 期上发表了阐述西方美术观念和理论影响中国雕塑创作理念和思想观念的《现代雕塑与建筑》一文; 1985 年国内出版了第一本以 "公共艺术" 命名的著作《当代国外公共艺术一百例》, 这是 "公共艺术" 概念首次在中国出现，其陈述比较准确①；1985 年布正伟在《中国美术报》第 12 期上发表了《现代建筑需要摩尔与卡德尔》一文，介绍并论证了雕塑与形式、空间、环境之间的关系；1988 年，中国美协壁画艺术委员会举办了首届壁画艺术讨论会，60 多位壁画家向建设部领导、建筑师、园林设计师、雕塑家发出倡议，呼吁公共环境的改造应当结合诸相关要素，建立起合作型的工作模式。这些学术理念的建构、工作模式的倡议，对中国公共艺术的发展起到了积极的推动作用，虽然理论和倡议仍停留在艺术观念层面，尚未与实践相结合，但是为社会公共意识的形成和中国公共艺术未来的发展奠定了基础。

（二）1990—1999 年，在体制改革中蜕变的公共艺术

这一时期是中国文化体制改革的开始阶段，也是中国公共艺术的蜕变时期。1992 年，邓小平发表南方谈话，党的十四大召开，标志着我国改革开放和现代化建设进入一个新的阶段。中国社会进入认知"公共艺术"阶段，学者、艺术家、城市管理者积极关注"公共艺术"，不论作品形式、理论认知还是功能作用，都得到了较大的拓展。

随着对外开放的进一步深入，国际交流更为频繁，公共艺术理念真正进入中国。20 世纪 90 年代初，台湾学界学习借鉴西方国家关于公共艺术设置与组织管理方面的经验，于 1992 年 7 月 1 日颁布了《文化艺术奖助条例》，为公共艺术奠定了"母法"基础。虽然当时强调的是公共空间设置艺术品的概念，但这一提法很快就在 1993 年 4 月 30 日的《文化艺术奖助条例执行细则》中得到了修订。随后经过学者和政府管理者等近 5 年的讨论，《公共艺术设置办法》于 1998 年 1 月 26 日正式出台，形成了较完整的台湾公共艺术法案。在此期间，黄才郎、倪再沁、黄健敏等人翻译、撰写了一批公共艺术

① 1985 年国内第一本"公共艺术"的相关论著是《当代国外公共艺术一百例》，由吕荆如编译，花城出版社出版，其中提及了"公共艺术"的定义："公共艺术即是相应于某特定场所的形式、结构、功能以及气氛情调、风土习俗的艺术设计。其目的都是一个：解决建筑物内外空间的局部预处理，创造积极意识的、富有吸引力和生命的新环境。现代的设计师处于比过去优越得多的条件下，扩大而延伸地应用着光、音、色、速度、质材与其他技术手段，给人们提供美的享受，唤起感情上的共鸣和心灵的沟通，激励奋发向上的精神。"

著作，发表了大量学术论文。尽管当时台湾和大陆学界的沟通并不多，但这些学术成果还是被带到了大陆，为大陆公共艺术的基础理论建构提供了学术支持。

大陆在20世纪90年代早期常用"城市雕塑""公共壁画"等术语，社会对公共艺术的理解普遍还停留在美化和装点城市环境阶段。20世纪90年代中期开始逐渐建构公共艺术理论，施惠被视为先行者。1995年施惠在《新美术》上发表的《现代都市与公共艺术》，是第一篇以公共艺术为题的学术论文。1996年施惠编著并出版了《公共艺术设计》一书。此后至1999年，共有15篇公共艺术论文作品出现，袁运甫、孙振华、翁剑青走在了中国公共艺术理论研究的前列。1998年6月汪大伟在《装饰》上发表了《公共艺术设计学科——21世纪的新兴学科》一文，阐释了应将公共艺术作为一个学科来建设的提议。同年9月，上海大学美术学院创建了全国最早的公共艺术实验工作室，举办了人、环境、科技——上海大学美术学院公共艺术设计国际研讨会，开创了中国公共艺术学科教育的先河。随后与公共艺术相关的论坛陆续举办，展开了关于城市雕塑与公共艺术的讨论。

以经济建设为中心的观念使人们的独立意识逐渐增强，公众存在的价值得到尊重和认可，具有大众化、消费化特征的公共艺术作品开始在20世纪90年代初期出现。在西方现代艺术的影响下，具有抽象化、形式化的作品也陆续出现。这集中体现在1990年北京第十一届亚运会的筹办中，公共艺术作为美化环境、点缀场馆、展现人文精神的方式，较为集中地出现在亚运会场馆周边，成为展现新中国精神文明建设成就的一种标志。其中的《人行道》是一组以市民为创作原型的公共艺术作品，极具时代特征。它不设底座，用一种极写实的手法制作并散点式放置在公共场所，具有一种平民意识和对人的生活的关照，打破了以往写实性作品不变的纪念性特质，让人耳目一新，极具新鲜感和亲切感，影响了中国一批具有市民化、大众化特征的公共艺术创作。同批实施完成的27件作品多数采用抽象形式语言，如隋建国的《结构》、杨英风的《凤凌霄汉》、叶如璋的《猛汉斗牛》等。这些作品在表现手法和材料运用上都有了新的尝试，现代视觉样式的作品成为此时期公共艺术创作的主流。在西方艺术的影响下，中国还出现了一段时间的广场热，全国各大城市兴建的广场及公共艺术作品成为市民生活场所中的一部分，如青岛的《五月的风》、大连的《建市百年城雕》等。

不容乐观的是，在经济建设高速发展和城市化进程快速推进的阶段，公共艺术出现盲目追求符号化的快餐式消费现象，成为利益群体牟取暴利的手段，失去了原本应该有的社会价值和艺术感染力，被贴上"城市垃圾""城市建设高价菜"的标签。1992年9月10日，文化部、建设部、中国美术家协会共同召开第三次城市雕塑工作会议，决定将"全国城市雕塑规划组"更名为"全国城市雕塑建设指导委员会"，并在这次会议上确定了"健全机构、强化管理、提高质量"的工作方针。1993年，文化部和建设部共同颁布了《城市雕塑建设管理办法》，这是中国第一个正式颁布并沿用至今的城市雕塑管理办法，对城市雕塑的创作、规划、管理、实施和维护都提出了明确要求，提出"城市雕塑的创作必须是拥有城市雕塑创作资格证的人员才可承担，未持证者不得承担"①。同年，首都规划建设委员会和首都城市雕塑艺术委员会颁发了《北京城市雕塑建设规划纲要》，1996年，北京、上海先行成立了隶属规划部门的城市雕塑专项办公室，上海市人民政府颁发了《上海市城市雕塑建设管理办法》。一系列从国家到地方的管理措施的出台和相关管理机构的完善，制止了中国公共艺术的不良发展。

20世纪90年代中后期是中国公共艺术探索的关键阶段。公共艺术不再只是美化环境的雕塑、壁画，其边界、作用甚至是创作方式都得到了进一步的拓展。1997年成都市府河边的《活水公园》便是一次很好的诠释。这是由艺术家、园林家、生态学家、自然科学家等多方专业人士对"水"主题的一次跨领域综合性创作，强调整体营造，突破"作品"概念，将整个空间、环境、艺术、生态作为一个整体来思考呈现，在创作过程中强调一种横向工作机制，对公共艺术的原有概念形成了冲击。它从人和环境本身出发，创造一

---

① 1993年9月14日，建设部、文化部颁布的《城市雕塑建设管理办法》中第八条明确规定，同时第十四条还规定承担雕塑创作设计的雕塑家必须监督制作和施工的全过程，保证按设计施工和保证工程质量。

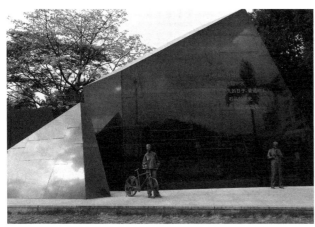

图 13　深圳雕塑院等，《深圳人的一天》，尺寸不等，2000 年，深圳

种具有公共关怀和互动参与的公共艺术。遗憾的是，这个创作起初并不以公共艺术营造为主张，而是在景观艺术带动下引发的带有"公共性"的新尝试。但它拓宽了公共艺术的外延，对中国公共艺术的探索具有独特的价值。2000年，深圳雕塑院组织创作的《深圳人的一天》（见图 13、图 14）是一件具有里程碑意义的公共艺术作品。它打破了艺术家与艺术创作之间的固定关系，创造性地将公众带入公共艺术创作之中，试图把艺术家的作用降到最低，是一种用艺术计划完成的纪念性公共艺术创作。作品在题材和呈现方式上是公共空间中市民化、大众化作品的延续，倡导将市民的意愿融入城市设计，让公众成为公共艺术真正的主人。这种强调公众参与、公众决定，反映公众面貌的鲜明主张，为中国公共艺术的发展开辟了一个崭新的方向。

图 14　《深圳人的一天》模特与雕塑作品合影

三、中国公共艺术的发展期：21 世纪初至今

21 世纪初，随着社会主义市场经济的进一步发展，国家开始制定并实践科学发展观，构建和谐社会，政治上公共事务问计于民、问策于民的态度出现。市民意识增强使公众参与成为可能，公民权利得到尊重，中国公共艺术正式进入发展时期，公共艺术的概念在争论中更为清晰，公共艺术的边界在多样实践中进一步拓展。

21 世纪初期，"公共艺术"的提法日渐增多，有取代"城市雕塑"之势。"公共艺术"概念从公共空间、公共场所设置的艺术到广义狭义之辩，从公共艺术是一种思想方式、精神态度到一种文化现象的讨论，公共艺术得到了学界前所未有的关注，涉及"公共艺术"的著作、论文及学术会议大量涌现。2002—2003 年，大陆地区就出版了 15 本关于公共艺术的专著和译著，其中，翁剑青的《公共艺术的观念与取向：当代公共艺术文化及价值研究》和孙振华的《公共艺术时代》堪称中国公共艺术理论研究的奠基石。这些书至今还影响着中国公共艺术的理论建构。2001—2006 年，发表于艺术类核心期刊上的公共艺术专业论文突破百篇。2005 年是中国公共艺术理论研究高峰期的开始，许多公共艺术的实践者和文艺理论的研究者投身该领域。从 2000 年阳光下的步履——北京红领巾公园公共艺术研讨会开始，公共艺术主题论坛相继出现，到 2008 奥运年达到峰值。其中，2004 年 10 月在深圳举办的"公共艺术在中国"学术论坛，是中国首次较为集中地深入讨论公共艺术学理问题的一次论坛，会议论文集《公共艺术在中国》记录了当时中国公共艺术的理论研究状态，对后来公共艺术的发展影响深远。

在学术界的共同努力下，公共艺术受到政府关注。2006 年建设部印发的《全国城市雕塑建设指导委员会"关于城市雕塑建设工作的指导意见"的通知》中明确使用"公共艺术"这一概念，并且将城市雕塑纳入公共艺术的范畴，提出要把一定比例的资金用于公共艺术的建设。这给予了公共艺术合法地位，承认了公共艺术的重要性。从此，政府文件中开始沿用"公共艺术"

这个术语。与此同时，公共艺术专业机构纷纷出现：2006 年，北京美术家协会成立了中国第一个城市公共艺术专业协会；2009 年，深圳雕塑院正式更名为深圳公共艺术中心；各大院校相继成立公共艺术研究中心。国内开始对"雕塑""城市雕塑"重新定义。

公共艺术的快速发展使公共艺术的人才培养得到重视。1999 年，中央美术学院雕塑系成立了公共艺术雕塑工作室，2004 年，汕头大学长江艺术与设计学院成立了公共艺术专业，2005 年，中央美术学院城市设计学院成立了公共艺术系。2007 年，中国美术学院成立了公共艺术学院。与公共艺术相关的教材建设也迅速跟进。2005 年，王中、王洪义分别撰写了《公共艺术概论》，2006 年，马钦忠撰写了《公共艺术基础理论》，这些书成为中国公共艺术基础理论的主要教材。2012 年，教育部正式将公共艺术纳入学科专业目录。截至今日，中国共有 102 所院校设置了公共艺术专业[①]，本科、硕士、博士和博士后各层次的公共艺术教学研究体系亦逐步发展起来，中国公共艺术的一批新生力量正茁壮成长。

进入发展期的公共艺术作品呈现不同的发展趋势，中国公共艺术开始走向"综合"。这种"综合"不仅体现在艺术手段上，也体现在公共精神和文化价值上，如青海的《原子城纪念园》、郑州的《1904 公园》(见图 15、图 16)、杭州的《杭城九墙》等作品。公共艺术的方式更加多样化，如蔡国强的《大脚印》《九级浪》烟火艺术、朱小地的《又见五台山》建筑艺术、四川美院虎溪校区的景观艺术等。中国公共艺术开始走向"计划"，艺术家扮演组织者、引导者的角色，让作品走向时间，如杜昭贤发起的《台南海安路公共艺术计划》，徐冰发起的《木、林、森计划》，王中、武定宇发起的《北京·记

---

① 依据教育部官方文件统计，截至 2014 年 7 月 9 日，全国普通高校共有 2246 所。通过进一步分析统计，全国艺术类或者设有艺术类专业的院校共计 638 所，其中 102 所院校设有公共艺术专业，涉及 26 个省、自治区、直辖市；另外，还有 34 所院校设有公共艺术课程；30 所院校曾举办公共艺术相关活动或著有公共艺术相关论文。据不完全统计，与公共艺术相关的中国高校共有 166 所，超全国艺术院校的 1/4。该资料来源于《中国公共艺术文献研究》，研究成员：武定宇、增华、赵雪岑等。

图 15 王中等,《1904 公园》,尺寸不等,2011 年,郑州

图 16 《1904 公园》中的雕塑《情侣》

忆——地铁公共艺术计划》等。中国公共艺术开始走向"当代",当代艺术家也成功介入公共艺术领域,艺术创作与公共精神融合,如徐冰的《凤凰》、冯峰的《时间的宫殿》等。中国公共艺术开始走向"活动",成为国与国之间、人与人之间的文化传播使者,体现其综合性、阶段性与永久性特征,如2008年北京奥运会、2010年上海世博会。此外,还有一系列视觉形象、空间营造、仪式展演等与活动相关的艺术行为,如汕头大学发起的"公共艺术节",用一种临时性方式让公共艺术变得新鲜。公共艺术走向"社区"和"乡村",关注"人"的生活,连接城市神经末梢,促进交流,改善环境,如上海大学策划并组织的《艺术让生活更美好——上海曹杨新村公共艺术》、陈晓阳发起的《广州美院相邻村落的在地公共艺术》、四川美术学院发起的《羊磴艺术合作公社》等。

迄今为止,中国公共艺术的发展虽有繁华之态势,但仍处于初级阶段。由于这个时期离我们太近,因此很难划分。如果非要做一个阶段划分的话,2014年10月15日是一个重要的时间拐点。习近平总书记在文艺座谈会上倡导"艺术不能做市场的奴隶,艺术要为人民放歌,艺术创作一定要脚踩坚实的中国大地,坚持洋为中用、开拓创新,创作时代精品,展现中国精神、呈现中国气派"的主张一定会深刻地影响中国公共艺术的发展走向。公共艺术随着社会发展会逐渐渗透到人民生活中,并成为一种习惯,而不再只是艺术家涉足的象牙塔。当公众自发意识成为一种常态、艺术家引领成为一种需求时,中国公共艺术的成熟期也就到了。

融合与共生[*]

——论景观介入公共艺术的发展历程

　　20 世纪 80 年代，以城市雕塑为主要形式的公共艺术在景观设计领域表现为简单的移植与介入关系，以美化空间、填补空白环境为主要功能。20 世纪 90 年代前期，公共艺术逐渐生长与蜕变，与景观逐步融合，公共艺术开始作为整体空间的一部分而觅得一席之地。虽然它的作用仍以装饰和点缀为主，但在这一阶段，它与景观之间产生了更多的关联性。20 世纪 90 年代后期，公共艺术边界的延伸与拓展，使得艺术激活空间成为可能，公共艺术与景观的关系进入了融合协作的重要探索时期。21 世纪至今，公共艺术以其特有的广泛性和兼容性，以更加丰富的形式和内涵，突破了与景观之间的学科界限。它运用综合性的艺术手段和多样化的表现形式，努力营建充满活力的公共空间，从而使得艺术营造空间、艺术引领空间成为现实。

一、20 世纪 80 年代：艺术美化空间

　　20 世纪 80 年代，国家经济实力的提升以及社会生产力的提高，推动了城市建设的发展。民众的公共环境意识增强，致使城市环境迫切需要改善，全国的园林绿化事业迫在眉睫。1982 年 2 月 27 日，国务院常务会议通过了《国

---

*　本文原载于《北京联合大学学报（人文社科版）》2017 年第 1 期，与张郢娴合作，收入本书时略有删改。

务院关于开展全民义务植树运动的实施办法》。同年 12 月 3 日，城乡建设环境保护部颁布了《城市园林绿化管理暂行条例》，强调一定要搞好城市园林绿化建设，使其为城市人民创造良好的工作和生活环境，丰富群众的文化生活。[①]1984 年 3 月，中共中央、国务院发布了《关于深入扎实地开展绿化祖国运动的指示》，积极倡导全民参加城市绿化活动。各种有关城市园林绿化政策条例的颁布，凸显了搞好城市绿化，对于建设社会主义精神文明以及建设优美的现代化城市的重要作用。[②]各个城市根据自身的特点和条件，开始分期分批以点线面结合的形式，建设城市绿地，提高绿化覆盖率。这一时期，各大城市加快了对各种类型的公园、动物园、植物园、纪念园以及小游园、街道、广场等公共空间的建设步伐。

改革开放以后，我国以雕塑为主要形式的公共艺术建设进入探索时期。国家及各部委根据城市建设的实际情况，不断调整有关政策法规，进而保障其健康有序发展。1982 年 2 月 25 日，中国美术家协会报送的《关于在全国重点城市进行雕塑建设的建议》，很快得到批示。同年 6 月，美术家协会递交了《关于全国城市雕塑规划小组工作安排的请示报告》，[③]中宣部于同年 7 月 12 日在（中宣发函［82］第 90 号）文件中同意报告的请示，并要求按计划开展雕塑工作。1982 年 8 月全国城市雕塑规划组的正式成立，成为中国雕塑发展的助推器，同时显示出了雕塑建设发展的良好态势。在国家政策的引导和支持下，这一时期出现了一批具有一定艺术水准的园林雕塑和纪念性雕塑，在美化城市面貌和丰富民众生活上起到了积极作用。

全国园林绿化的建设需求以及城市雕塑的快速发展，使两者找到了链接点：城市园林建设为雕塑的设置提供了空间场地，雕塑为园林进行了装饰和美化。正是在这样的社会背景和政策推动之下，园林雕塑开始逐步进入大

---

① 林广思，赵纪军.1949—2009 风景园林 60 年大事记［J］.风景园林，2009（4）：16.

② 中共中央 国务院关于深入扎实地开展绿化祖国运动的指示［EB/OL］.（1984-03-01）［2024-04-22］. https://www.forestry.gov.cn/main/4815/19840301/801599.htmlhttps://www.forestry.gov.cn/c/www/gwywj/40693.jhtml.

③ 袁荷，武定宇.借力生长：中国公共艺术政策的发展与演变［J］.装饰，2015（11）：28-29.

众视野。例如，北京市玉渊潭公园的《留春》（1982 年）和《夏天》（1984 年）、北京市古城公园的《母与子》（1984 年）、北京市紫竹院公园的《月夜》（1984 年）和《斑竹泪》（1989 年）、上海市东安公园的《花仙》（1985 年）、黑龙江省龙沙公园的《北国之春》（1986 年）、马鞍山市雨山湖公园的《生命在于运动》（1986 年）、北京植物园的《牡丹仙子》（1986 年）等。这一时期的城市雕塑主要以"点式"的形式介入公园绿地，在设计后期以"见缝插针"的方式进行布局，不参与园林前期整体规划的设计过程。雕塑与园林的关系以简单的"1+1"的模式并存。不论从形式、材料还是题材上，雕塑都具有相对独立性，与场所的契合度并不显著。

纪念性雕塑除了以独立的形式出现外，还在以纪念功能为主的公园中占据了主要的位置。以雕塑为中心的纪念性场所，大多采用中轴对称的布局形式，雕塑一般被置于场地的中心位置或者端头位置，成为空间的主体，从而强化轴线的仪式感以及空间的序列。[①] 例如，重庆市歌乐山烈士陵园的《歌乐山烈士纪念碑》（见图 1）、黑龙江省牡丹江市江滨公园的《八女投江》（见

图 1　江碧波、叶毓山，《歌乐山烈士纪念碑》，高 1100cm，1985 年，重庆

---

① 刘少宗.中国优秀园林设计集（二）[M].天津：天津大学出版社，1997：136-139.

图2）、河北省唐山市大钊公园的《李大钊纪念像》（见图3）等，在整个环境中，纪念性雕塑作为营造景观节点的重要元素，为场地重塑了文化识别性，为观者营造了认同感与归属感，具有点缀和烘托整体空间的作用。

图2　于津源、曹春生等，《八女投江》，高1300cm，1988年，牡丹江

图3　钱绍武，《李大钊纪念像》，高450cm，1989年，唐山

20 世纪 80 年代中期以前，雕塑在美化公园绿地方面已经比较普遍，但是以雕塑为主体营建的主题公园在当时较为少见。由园林设计师刘秀晨负责总体规划、雕塑家盛杨主持雕塑策划的石景山雕塑公园，成为中国大陆地区第一座雕塑公园（1984—1985 年）。设计师与雕塑家通力合作，以植物造园、雕塑造景的形式，加强了雕塑与景观之间原本单一化的合作关系，可以说是公园类型上的一次全新尝试，更是在中国园林领域首开先例。[①] 雕塑公园作为新形式的公园类型，为不同题材、风格、材质和尺寸的雕塑提供了丰富多样的空间环境。20 世纪 80 年代建造的雕塑公园除了石景山雕塑公园外，还有河南焦作的雕塑公园（1986 年）、湖北武昌的寓言雕塑公园（1986 年）、广西烈士陵园南宁雕塑园（1986 年）、江西井冈山雕塑公园（1987 年）。雕塑主题公园的出现推动了雕塑在公共空间中作用的转换，使雕塑介入空间的形式，逐步形成了从设计后期简单进入到参与统一规划的趋势转化。

这一时期的公共艺术主要以城市雕塑、壁画等为主要的艺术形式，创作主题以现实主义、浪漫主义、纪念性创作题材为主。造型艺术语言，具有某种特定的象征意义和精神内涵，作品具有强烈的使命感。总之，20 世纪 80 年代呈现的公共艺术的发展状况，主要是配合景观设计的局部美化行为。具体表现为公共艺术作品在项目晚期进入，并在场地早已规定好的位置进行有限的创作，作品被独立完整地安置于指定位置。虽然符合特定景观的主题，并与周边环境相融合，但是公共艺术与景观之间仍属于简单介入的关系。

二、20 世纪 90 年代前期：艺术装点空间

20 世纪 90 年代，中国的城市化进入快速发展时期，稳定的政治局面和城市经济的发展，需要与之匹配的文化与艺术形式，而在城市文化形象的树立以及城市艺术空间的营造中，公共艺术寻求到了生长的土壤。城市公共空

---

① 刘秀晨 . 石景山雕塑公园的规划与设计 [J]. 建筑学报，1986（9）：49–53，86.

间的营造，呼唤公共艺术的助力，进而促进了公共艺术的发展。20世纪90年代前期，公共艺术介入景观的形式虽然仍以城市雕塑为主，但逐步从简单的"美化"空间的角色，转化为"装点"城市空间的"环境雕塑"，继而成为日常生活空间的重要组成部分。

（一）城市广场遍地开花

城市经济实力的提高、招商引资的需要、对欧美城市的借鉴、对政绩工程的追求，使得各个城市迫不及待地想要通过快速的城市建设，跻身于大都市的行列。这一时期，全国各地的大城小镇纷纷兴建各种类型的广场，以城市雕塑为代表的公共艺术构成了广场中必不可少的装饰物。

广场的大量建设为雕塑作品提供了创作空间，该阶段的作品主要以大尺度和大体量的雕塑为主，如大连虎雕广场的《群虎》（见图4）、大连星海广场的《城市百年雕塑》（1999年）等。除了写实风格的表现形式外，受西方现代艺术的影响，抽象与变形的创作手法开始进入大众视野，如上海五卅广场的《五卅运动纪念碑》（1990年）、青岛五四广场的《五月的风》

图4 韩美林，《群虎》，高700cm，1991年，大连

（见图5）、深圳联合广场的《联合立柱》（1997年）、汕头林百欣国际会展中心广场的《大潮》（1997年）等。在广场的空间布局上，这些大型主题雕塑大多被置于广场中轴线区域，作为景观规划设计中的重要元素，成为界定视线的焦点。

图5 黄震，《五月的风》，高3000cm，1997年，青岛

随着时代的不断进步以及公众意识的转化，广场的功能逐渐从单纯的纪念性市政广场向大众休闲的市民广场转变。而以城市雕塑这种物质载体出现于广场中的艺术形式，其设计式样、主题内涵和社会功用趋于向多层次的格

局转换，即从革命性和纪念性的创作题材，拓展到彰显城市文化精神、营造市民生活空间的方向上来。

（二）商业步行街的重塑与新生

城市化进程的加快，致使各个城市涌现出大规模的新建和改造项目，步行商业街作为城市重要的街道景观，成为改造和美化的重点区域。国内一些比较著名的商业步行街大多数是历史悠久的老街，除了对街道的基本格局和建筑形式进行保留和修复之外，景观规划中公共艺术的介入无疑成为重新设计的亮点。

随着大众民主意识的加强以及对理想生活的向往，大众文化开始走进自觉发展的时期，人与社会的和谐发展使大众对生活环境产生了新的心理诉求。人作为文化创造的主体，其日常生活中展现出的各种问题开始受到更多的关注。因此在艺术创作中，设计师逐渐开始摈弃早期把人抽象为精神符号的做法，转而从多维的角度关注各个阶层民众的现实生存状态，进行个体真实形态的塑造。例如，北京王府井商业街（1997年动工）、上海南京路步行街（1998年动工）、深圳东门商业步行街（1998年动工）、哈尔滨中央大街（1997年竣工）等商业步行街设置的公共艺术品，都以百姓生活为构思源泉，凝练出大众熟悉的场景和行为活动。不设置底座、等比例的雕塑形式，拉近了与民众的距离。它以极为写实的表现手法、零距离的欣赏角度、散点式的布局手法，作为表现设计师思维的媒介，延续和再现了当地市民的民俗生活。

商业街的艺术作品在当时之所以得到百姓的认可，一方面是因为它的艺术性通过塑造极具亲和力的形态呈现出来；另一方面是因为该艺术形式同百姓的日常生活经验对接，符合民众的审美观念和文化需求。

景观空间类型的多样化，为公共艺术作品的丰富性提供了多元化的场所，使其与大众生活有了更紧密的联系，其语言疆界得到了扩充。与20世纪80年代较为单一的艺术形式相比，20世纪90年代的城市雕塑在设计风格和选题上更为多样化，设计语汇更为活跃。此外，这个时期的公共艺术收获了更多的自觉意识，除政府行为外，大量的企事业单位和个人开始关注和推崇城市雕塑建设，这反映了各个阶层艺术观念的成熟转向。

三、20 世纪 90 年代后期：艺术激活空间

20 世纪 90 年代后期是公共艺术与景观融合协作的重要探索和转型期。城市化进入飞速发展时期，中国巨大市场资源的诱惑，使得境内和外来设计公司纷纷进军景观设计领域。中国传统的造园方式在延续和发展的同时，境外公司的进入也带来了全新的设计理念和实践方式，景观设计行业正是在这种中西文化的碰撞与磨合下快速生长、转型和嬗变。同期，"公共艺术"从概念的引入发展到作为专有名词被独立使用。曾经以城市雕塑和壁画等为主要形式的公共艺术，逐步摆脱"填充和美化"环境的角色，形式和载体变得更加丰富多样。正是在这样的社会背景下，景观与公共艺术之间寻求到了一个新的切入点，以不同于以往的规划理念和营造方式，开始了多元化的相交与融合，从而演变成"你中有我、我中有你"的水乳交融状态。

自 1999 年起，全国各大园林设计院开始进行管理体制改革。从这一时期开始，越来越多的外资企业进入中国市场，它们带来的设计理念和经营方式对国内景观设计行业的影响颇大。哈佛大学的俞孔坚博士回国后，带来了全新的设计思想和理念。他进入公众视野的第一个作品——中山岐江公园（1999—2001 年，见图 6），不仅是现代景观设计中的实验性作品，而且在项

图 6 中山岐江公园俯瞰图

目初期就意识到了公共艺术在公共空间里的价值。他将遗留下来的厂房和龙门吊、铁轨、变压器等设备进行更新设计，使其以艺术的形式来强化场地的文化意义。公共艺术与景观的使命都是要营建充满活力的公共开放空间，在同一项目中的协作，将会使设计产生不可预计的影响力，其空间韵味也会变得更具深度和广度。俞孔坚团队把这样一座锈迹斑斑的粤中造船厂，改建成了充满历史印记的市民公园。中山岐江公园将艺术与大众化的景观空间结合在一起，不仅进行了形式上的变革、建立了新的设计语言，还推动了公共艺术的发展，使其实现了从"移植"到"生长"的转型。

公共艺术在这一阶段除了在公共空间营造有形的艺术品之外，还通过展演与互动等手段，推动当代城市新文化的生成与发展。成都的"上河城"社区作为房地产界的先锋，率先将商业与公共艺术进行了结合。建筑师出身的陈家刚，在上河城社区内建立了一个私人美术馆——上河美术馆。这个位于社区内的场馆，每个月都坚持举办各种艺术类活动，通过展览、互动和交流等方式，将艺术思维与行为潜移默化地注入社区。正是这样一项艺术活动的策划，引导着居民主动参与和体验，一方面可以便捷地享受艺术的氛围，提升艺术的鉴赏力；另一方面可以增加彼此之间的情感，强化该群体对社区的认同感和归属感。先锋性的艺术机构和艺术活动的介入，改变了社区的生活，同时激活了居民的日常活动场所。这种精神投射下的社会行为，是满足居民的日常行为和精神需求的一项文化建设。这样一次文化事件的营造，使得上河城瞬时晋升为一块含金量极高的文化楼盘，继而成为当时示范性的社区景观。

时代的发展进步和公众意识的转化，使公共艺术逐渐摆脱了粉饰门面的头衔，通过巧妙合理的方式进入城市公共空间的各个角落，不仅将艺术成果与内涵提升到社会层面的高度，也提升了城市的艺术形象和大众的审美需求。中国公共艺术以其特有的广泛性和兼容性，突破了时间与空间的限制，开始呈现动态和多样化的发展趋势。

四、21世纪至今：艺术引领空间

公共艺术经历了从概念的争辩，到设计边界和内容的讨论，现如今它早已不再仅仅是美化环境的雕塑，而是以更为丰富的形式和内涵走入城市开放空间，其边界、功能和创作方式都向着更为宽广的领域拓展。自此时起，中国公共艺术正式进入了发展时期。

2006年可以说是中国公共艺术政策取得质的飞跃的一年。6月12日，全国城市雕塑建设指导委员会发布《关于城市雕塑建设工作的指导意见》，第一次在国家层面的政策中出现了"公共艺术"的提法，将城市雕塑的概念纳入公共艺术的范畴。此后，国家和地方的各种政策文件开始沿用"公共艺术"的提法，证实了它的合法地位。从这一阶段开始，公共艺术与城市雕塑的关系逐渐明朗化。《关于城市雕塑建设工作的指导意见》第7条提出要逐渐地建立稳定的城市雕塑建设投资渠道，并指出全国各地可以根据各自的实际情况，来制定有关城市雕塑建设的投资政策，对城市雕塑投资建设渠道的具体实施办法给出了指导性的建议，即"有条件的城市可借鉴一些发达国家城市雕塑建设的经验，在城市重点建设项目投资中提取一定比例资金用于城市雕塑等公共艺术建设"①。这种提法使得公共艺术不仅得到了前所未有的关注和地位，还为它未来的发展方向提供了有效的指导路径和有力保障。《关于城市雕塑建设工作的指导意见》的发布，成为中国公共艺术政策发展历程中一个重要的节点，对公共艺术未来的稳步发展具有关键性的推动作用。

党的十八大以来，国家高度重视文化强国战略，并提出"中国梦""美丽中国"等概念，强调要以文化发展推动社会进步。公共艺术和景观艺术作为城市文化建设的重要组成部分和最鲜明的载体，不仅具有传承城市文脉、塑造城市形象、强化城市特色、美化城市环境等价值，而且对城市开放空间的

---

① 建设部：《建设部关于印发全国城市雕塑建设指导委员会〈关于城市雕塑建设工作的指导意见〉的通知》，（建办［2006］137号），2006年6月12日。

现在和将来具有长久和持续的影响力。总之，公共艺术和景观艺术作为践行文化大繁荣和大发展的艺术形式，近几年来，越来越得到国家的重视。2014年2月26日，《国务院关于推进文化创意和设计服务与相关产业融合发展的若干意见》（以下简称《若干意见》），在布置重点任务的第3条"提升人居环境质量"里指出要"进一步提高城乡规划、建筑设计、园林设计和装饰设计水平"，此外还提出需"提高园林绿化、城市公共艺术的设计质量，建设功能完善、布局合理、形象鲜明的特色文化城市"①。由此可见，《若干意见》突出强调了公共艺术与园林景观设计对于提升城市文化品位以及丰富城市文化内涵的重要作用。2014年3月21日，文化部在落实《若干意见》的实施意见中，强调城市公共空间和公共艺术设计品质的提升对于增强城市历史底蕴的厚重感、构建特色鲜明的城市空间，具有重要的价值。可以说，正是有了这些国家层面政策的引领，才能够使公共艺术和景观设计不断朝着良好的态势发展。与此同时，两者之间的协作关系也在政策的导向下变得愈加密不可分。

从这一时期起，公共艺术往往通过景观设计的手法和空间营造的手段进行探索与实践，艺术家与设计师之间加深了角色的转换与互动。一方面，艺术家试图打破个人化的表现形式，摆脱雕塑艺术的精英主义姿态，努力进入开放空间进行一体化的创作，与景观环境相融相生。例如，艺术家设计的金华义乌江大坝景观（2002—2003年）、艾青文化公园（2002—2003年），便以巨大尺度的雕塑形态，创造出了适合空间环境的构筑物。这种好似在场地中生长出来的艺术形式，完成了自身的功能性与纪念性使命。另一方面，设计师努力拓展景观设计的边界和价值，试图寻找更富于变化的手法和艺术形式，挑战公共艺术与景观之间互通改变的动态潜力。例如，成都活水公园（1997—1998年）、青海原子城爱国主义基地纪念园（2006—2009年），打破了设计师与艺术家之间的隔阂与学科界限，运用多样化的艺术手段和表现形式，建构了综合性的创意空间。

---

① 国务院：《国务院关于推进文化创意和设计服务与相关产业融合发展的若干意见》，（国发〔2014〕10号），2014年2月26日。

新型城市化的发展、城市功能的复杂化，使公共艺术与景观开始逐渐建立起紧密的合作关系。公共艺术在景观设计中的作用更为显著，它运用艺术的创作理念和方法，解决城市公共空间的实质性问题。作品不再是单纯为了满足审美需求的观摩品，不再是简单的装饰品和附属品，而是同时承载着更多的实用功能，以满足城市空间的整体需求。

（一）印证历史记忆

每一处场所的历史遗迹和事件活动都有其唯一性和不可逆性，不同的空间肌理和形态各异的特质，体现了不同空间独特的历史印记。青海原子城爱国主义教育示范基地纪念园（见图 7）是一个由景观设计师与艺术家合力完成的项目。在这个项目中，公共艺术的思维理念始终贯穿和渗透整个景观设计，从而实现了专业跨界创新的价值。

在原有场地上留有很多树龄四五十年的青杨，这是当年的创业者栽下的。为了保护这些现有植物不受破坏，设计师朱育帆将纪念性景观规划中常用的轴线对称式的布局方式进行了转换，即采用钟摆式的、"之"字形的隐形中轴线模式展开。这条独立和唯一的路径，通过与雕塑、构筑物的组合，共同构成了纪念园的主轴线，委婉地诉说着中国独立研制原子弹、氢弹的故事。[1] 在材料的选用上，设计师挑选了玛尼墙与锈蚀钢板作为设计语言的延展界面。多样化的变截面设计，使两者在"之"字形的中心路径上随着纪念园中的地势绵延起伏，构成了浑厚、粗犷的丰富空间。此外，在场地重要的节点植入了不同类型的公共艺术：或是独立的雕塑，或是景观小品，或是地景艺术。它们的融入，以一种特殊的方式，静谧地诉说着这处场地的历史故事，也因为这些艺术品的存在，激活了景观空间，重塑了场所的精神，印证了历史的记忆。

---

[1] 朱育帆，刘静，姚玉君，等. 青海原子城爱国主义基地纪念园景观设计 设计的链接 [J]. 城市环境设计，2013（5）：156–158.

图 7 朱育帆，青海原子城
爱国主义教育示范基
地纪念园景观设计，
2006—2009 年，青海
省海北藏族自治州

（二）传承地域文化

优秀的公共艺术作品，应该建立在对地域文化的表达与传承之上，通过解读、体验、选择和提炼，在表象的形式背后挖掘最本真的精神力量。凉山火把广场（2005—2006年）的设计充分尊重了当地特有的民俗文化，为了传承彝族对传统天文的崇拜，建筑师崔恺将天地、宇宙、日月、火焰等天文天象，运用艺术化的手段融入设计。广场地面铺装的是红砂岩和青石交错的纹样，寓意天体的运转和火的涌动，铺装的放射线指向当地太阳初升的方位，太阳能地灯根据星宿进行了布置。广场的正中心位置是"永恒之火"大型主题雕塑，铜制的红色火焰表现出彝族对火神的崇拜。设计师将彝族传统文化和民族信仰融入景观设计，运用大地艺术的表现形式，演绎了彝族绚丽的地域文化。[①]

（三）增强社区活力

公共艺术对社会与大众的关照，体现在它将当代艺术以多样化的形式置于社会的各个角落，不仅涵盖了城市开放空间，也涵盖了各种类型的社区。为了改变传统小区封闭式的管理模式，加强社区与城市空间的联系，增加民众的公共交流空间以及文化活动场所，在广州时代玫瑰园景观设计中（见图8），设计师将广东美术馆时代分馆引入，为民众提供了亲密接触艺术的机会，消解了大众与艺术间的壁垒，创造了一种全新的文化观。

此外，设计师在小区景观设计中运用了公共艺术的营造方法，创

图8 刘家琨，时代玫瑰园景观设计，2005年，广州

---

① 崔恺.本土设计［M］.北京：清华大学出版社，2008：98.

造性地设置了一条长 400 米的架空步行桥，将美术馆、改建后的展厅和新建展厅串联起来，从而使住宅区的私有景观与城市开放空间打通，使城市市民既能够使用该场所，又不会对社区造成干扰。这座廊桥高低错落地穿越在不同景致之中，一方面承载着公共交通的功能，另一方面作为展示型的线性空间供公众欣赏。这一设计行为的策划，旨在为更多的民众提供接触艺术的机会，使其逐渐理解艺术的形式与价值，并能够从中受到启发和熏陶。[①] 它不仅能够提升社区的艺术品质，而且通过艺术活动的策划唤起了公众的审美意识，增加了社区的活力。

（四）整合碎片化空间

在城市快速发展建设过程中，城市的蔓延以及城市土地的粗放利用，使得城市形态的整体性遭到破坏，各自为政的管理模式以及建筑使用权的私有化，肢解了城市空间布局的连续性。都市实践建筑事务所设计的地王城市公园 I 期（1999—2000 年）、II 期（2000—2005 年），笋岗片区中心广场（2005—2007 年），坚持秉承"都市填空"的设计原则，以景观规划的手法以及公共艺术的公共性思维，对城市消极空间进行了整合与链接，将割裂的城市肌理进行重组与转化，在不同区域之间建立了一种新的联系，生成了新的物质空间，进而建立了连贯的公共空间系统。

北京 CBD 现代艺术中心公园（设计时间 2004—2006 年，建成时间 2010年）除了具有整合碎片化空间的功能外，还肯定了公共艺术提升空间品质的作用（见图 9）。设计师朱育帆将公园绿廊转变为现代艺术走廊，并不定期地陈列不同时期以及不同风格流派的现代艺术作品。他利用公共艺术的能量和影响力，提升了空间的艺术氛围。[②]

---

① 刘家琨.私园与公园的重叠可能：家琨建筑工作室设计的广州时代玫瑰园三期公共文化交流空间系统及景观 [J].时代建筑，2007（1）：56–61.
② 朱育帆，姚玉君."都市伊甸"：北京商务中心区（CBD）现代艺术中心公园规划与设计 [J].城市环境设计，2008（6）：41–46.

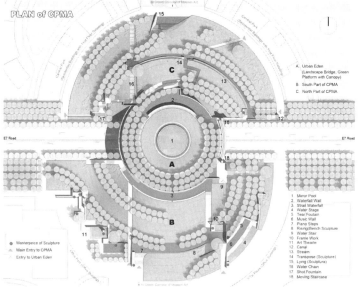

图 9　朱育帆，北京 CBD 现代艺术中心公园俯瞰图和平面设计图，2010 年（来源于网络）

（五）塑造感知场所

场所的感知包括身体的感知和心理的感知，而公共艺术自身的形态和品质、与周边环境关系的处理以及大众可参与的程度，直接影响人们对场所感知的强弱。公共艺术的公共性，在于唤醒公众对公共空间的参与意识。一方面，它可以引导人们身体的进入和参与，从而获得多样化的体验。例如，东莞市厚街万科生活广场的瓢虫艺术装置，充分展现了艺术与工艺的融合，不仅作为商圈的标志性艺术品，而且可以让市民与作品互动，不断强化自身的认知过程，从而与艺术作品建立起情感体验，唤醒公众的参与意识。另一方面，它可以将艺术方式的表达转化为一种文化精神，使其在观念上与社会公众发生关系，提升公众的艺术素养。例如，建筑师贝聿铭在苏州博物馆（2006 年建成）庭院一侧，运用大小、色彩、肌理不同的片石，布置成中国山水画般的景致：前有水中倒影营造出的景深感，后有白墙黛瓦的衬托，是一组极有意境的公共艺术作品。这组作品使公众以静观的方式感知艺术的魅力，使观者寻求到共同的价值认同与精神共鸣。

（六）营造自然生态景观

在当代社会经济转型的过程中，生态环境面临着重大挑战，维护和改善自然环境已经成为景观与公共艺术在实践中必须予以关注的重要内容。当代艺术对自然环境的介入，应该遵循与自然和谐共处的价值理念。秦皇岛市汤河滨河公园（2005—2006 年）和迁安三里河生态廊道（2007—2010 年）引入了"红飘带"和"红折纸"大型公共艺术，以"嵌入"和"共融"的设计原则，使艺术与现有的自然生态系统以及特定场地之间形成互敬的对话关系，发挥了它们在公共空间中的主导作用和辐射功能，从而提升了公园的活力（见图 10）。

（七）塑造校园本土景观

公共艺术创作形式上的自由度和丰富性，使其在校园空间营造上发挥了重要的引领作用。公共艺术作品的"公共性"，很大程度上致力于大众群体的参与和互动，在体验的过程中带给艺术以偶然性与可能性。沈阳建筑大学

（2002—2004年）、中国美术学院象山校园（2001—2007年）、四川美术学院虎溪校区（2003—2010年）保留了原有的农田、鱼塘、植被和山体等要素，融入了传统的文化观念和生态的设计手法，坚持沿用当地居民最擅长的传统技艺和耕作方式，为校园环境的营建引入全新的规划理念（见图11）。此外，设计师还邀请师生和当地民众共同参与校园的营造过程，以互动体验的方式来强化参与者对校园的认同感。

图10　俞孔坚、凌世红等，秦皇岛红飘带公园景观设计，2006年，秦皇岛

图11　王澍等，中国美术学院象山校园景观设计，2001—2007年，杭州

（八）解决雨洪管理

2014 年 10 月，住房和城乡建设部发布了《海绵城市建设技术指南——低影响开发雨水系统构建（试行）》，强调以低影响开发雨水系统构建为基本原则，推进建设自然积存、自然渗透和自然净化的海绵城市。截至 2015 年年初，已经产生了 16 个试点城市。至此，"海绵城市"的概念正式进入公众视野。[①] 北京大学俞孔坚团队致力于将景观实践指向中国的宏观问题，将景观设计引入社会责任的范畴。早在 21 世纪初期，俞孔坚就已开始运用景观规划的方法来解决城乡雨洪问题，并在多个设计项目中将海绵城市的理论和技术转化为实践，取得了良好的效益与社会认可。在六盘水明湖湿地公园（2013 年建成）和金华燕尾洲公园（2014 年建成）这两个案例中，俞孔坚继续将生态雨洪管理的规划理念和方法应用到公园设计之中，使雨水就地储蓄、转化为可利用的资源，并建立能适应雨水的弹性景观。值得一提的是，在这两个案例中形态丰富的桥体设置，充分体现了公共艺术的社会价值与审美高度。设计师以创新性的思维模式，结合雨洪治理的技术方法，建立了一套完整统一的、具有自我修复功能的雨洪管理系统。

这一阶段的景观与公共艺术设计实践，虽然仍处在探索与发展的初期阶段，但是以艺术营造空间、以艺术引领空间的方式已然成为现实。通过对艺术形式语言的不断探索与创新，公共艺术逐渐介入解决社会及生态环境关系等实际问题。

五、结语

随着自身作用的加强以及与景观设计协作关系的强化，曾经主要以视觉形态符号出现于大众视野中的公共艺术，开始越来越多地关注和解决各种社会问题，同时承载了更为重要和复合性的功能。公共艺术在创作过程中逐渐

---

① 住房和城乡建设部：《住房城乡建设部关于印发〈海绵城市建设技术指南——低影响开发雨水系统构建（试行）〉的通知》，（建城函［2014］275 号），2014 年 10 月 22 日。

将公共精神和文化价值进行融合，将城市特性融入作品，开始从"物品"转而进入"空间"。至此，公共艺术在城市景观设计中的引领作用，体现在它不仅"介入"景观空间，甚至可以说艺术本身"就是"空间。①总之，随着学科边界的拓展以及内涵的不断丰富，公共艺术作为当代城市文化的重要载体，正在以一种扩大的艺术观念，以整体、综合、实践和多元的方式，努力探索着城市公共空间与大众生活的互动关系。

① 王中.公共艺术概论［M］.2 版.北京：北京大学出版社，2014：115.

从艺术装点空间到艺术激活空间[*]

——北京地铁公共艺术三十年的发展与演变

　　自 1984 年《燕山长城图》《大江东去图》等作品进入北京地铁 2 号线以来，北京地铁公共艺术已经走过整整 30 年的发展历程。在这一过程中，北京地铁的公共艺术在创作题材上，从单一的艺术品创作演化为以线网文化艺术规划为指导的、相互关联的、系统化的文化传播载体；在艺术形式上，从传统的、单一的壁画形式发展为壁画、雕塑、装置艺术、多媒体艺术等多种形式，各种艺术形式充分发挥各自优势和特点，相互渗透、融合，呈现形式多样的艺术表现媒介；在材料选择和空间利用上，从采用单一的材料和特定墙面的空间位置转变为与站内空间装修相结合的综合材料应用和复合空间延展。

　　本文所探讨的北京地铁公共艺术包括针对北京地铁公共空间所设计和设置的艺术作品，还包括从文化和视觉需求出发，在车站内设置的艺术化公共设施以及对车站公共空间进行的一体化艺术营造。统计至 2014 年年初，在北京地铁投入运营的 17 条线路中，有 11 条线路 83 个站点引入了公共艺术，总计 128 件（组）艺术品。因此，有必要对北京地铁公共艺术的发展历程进行回顾和梳理，并为北京地铁公共艺术的发展乃至我国其他城市的地铁公共艺术建设提供借鉴和参考。

---

* 本文原载于《城市轨道交通研究》2015 年第 4 期，与宿辰合作，收入本书时略有删改。

一、艺术介入地铁空间

从严格意义上讲，北京地铁 2 号线 1984 年的壁画创作并非首次尝试。早在 20 世纪 70 年代，北京地铁建设相关部门就请全国在艺术创作上有成就的艺术家们创作了一批主题性的作品，但是受限于当时对于地铁空间各种条件的理解，这一批地铁布置画采用了油画的艺术形式。"文革"结束后，一方面由于油画材料难以承受地铁特殊空间环境的考验，另一方面由于政治氛围的变化，导致这批作品最终被取消。

1979 年首都机场壁画的创作完成在美术界乃至全国引发了轰动，成为中国美术史上的重大事件，同时也为北京地铁公共艺术的创作和设置带来了新的思路。1984 年 4 月 27 日，时任中共中央书记处书记的胡启立同志在视察北京地铁时指示："要在车站搞点壁画、雕塑，画家可以在自己的作品上署名，车站灯光色彩单调，今后要考虑灯光不要一个颜色。"正是由于这一指示精神，才形成了后来广为人知的《燕山长城图》(见图 1)、《大江东去图》、《四大发明》、《中国天文史》、《华夏雄风》、《走向世界》这六幅具有划时代意义的作品。1984 年也成为北京地铁公共艺术元年。

在早期的地铁公共艺术实践中诞生的这 6 件作品，既是北京地铁公共艺术从无到有的突破，也是壁画创作和中国美术史上的一座丰碑，极大地满足

图 1　张仃等，《燕山长城图》及细节，7000cm×300cm，1984 年，北京地铁 2 号线西直门站

了改革开放初期人民对于艺术欣赏的迫切需求；同时也标志着北京地铁功能的转变，从以军事功能为主的战备工程转向服务于广大人民群众的公共设施。但是，作为我国首次艺术介入地铁空间的实践，难免留下诸多遗憾。首先，作品在材料的选择上多采用陶板彩釉方砖或拼贴的方式制作，虽然从耐久性上相比油画有一定的优势，但形式呆板，缺乏丰富的视觉体验；其次，作品均设置在候车站台的外侧墙面上，供候车的人观摩欣赏，但是由于靠近列车运行轨道，对作品的耐久性提出了严峻考验，也给后续的维护和修补带来了较大困难。此外，由于并没有针对艺术作品本身进行照明设计，一定程度上影响了作品在地铁车站空间内的视觉效果。

二、艺术营造地铁空间

在 1986 年之后的 20 多年里，由于没有新的北京地铁工程建设，地铁公共艺术的发展陷入了停滞。2006 年，以北京奥运会的举办为契机，大量的地铁线路项目上马，地铁公共艺术也因其在文化传播中良好的效果和重要的作用获得了前所未有的关注。2007 年，中国壁画学会会长侯一民先生致信北京市领导，提出加强北京地铁中的文化艺术建设，并形成系统化的规划。这一建议得到时任北京市委书记刘淇的肯定，并批示"确有必要"，从此拉开了北京地铁公共艺术在创新和探索中新的发展序幕。

这一时期，北京地铁的主管部门和相关建设单位与艺术家们一道，对北京地铁公共艺术的创作和建设进行了大量的探索，尝试了多种不同的艺术形式和方法介入地铁空间。例如，2007 年开通的北京地铁 5 号线，虽然仅有 5 站 6 件（组）公共艺术作品，但是涉及了壁画、浮雕、圆雕等多种艺术形式，书法、绘画、现代艺术装饰等多种题材；在站内设置空间的选择上，也尝试了站厅、站台、楼（扶）梯楣头墙等多种位置。2008 年 7 月开通的 10 号线一期则主要尝试了站舍标准化设计，在站厅中的特定墙面引入现代艺术装饰，这为后来大量运用的"标准化装修，艺术品介入"理念奠定了基础。

同一时期，还有定位于直接服务北京奥运会的北京机场快轨和奥体支线

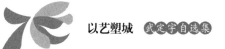
的建设。这两条线路在车站的视觉形象、文化艺术建设上的投入力度可以说是空前的。由于机场线仅设4站，单凭在车站中设置公共艺术作品无法在观众心中留下深刻的印象，因此，由中央美术学院轨道交通站点设计研究中心领衔，采用在车站内进行艺术营造空间的设计方式，用文化和艺术引领整个站内空间的装修设计，使各站之间呈现识别性较好的、统一的视觉形象，形成了极具现代感和震撼力的视觉形象（见图2）。

图2　北京地铁机场线艺术设计

奥运支线（8号线一期）则采用了"一站一景"的艺术营造方式，根据每站在奥体中心区的定位分别进行拟定设计，如森林公园站的"森林与绿色"（见图3）、奥林匹克公园站的"生命与运动"、北土城站的"传统与现代"等，综合运用大量的现代装修和照明设计等手段，将公共艺术的理念和站点的主题

图3　北京地铁8号线森林公园南门站一体化设计

贯彻到站点公共空间设计的天花、地面、柱体、墙面、屏蔽门等每一个细节。

北京奥运会前后建设的地铁和地铁公共艺术有着鲜明的时代特色，以北京机场快轨和奥运支线为代表的艺术营造空间的方法，创造了北京国际化的形象，并凭借高超的艺术水准和多样的艺术语言赢得了广泛的赞誉。同时，地铁10号线一期和较早的地铁5号线，通过多方面的探索为北京地铁公共艺术未来的发展奠定了基础。

三、艺术激活地铁空间

2011年，北京市规划委员会组织中央美术学院和中国壁画学会，在充分研究的基础上，编制完成了《北京地铁线网公共艺术品规划》，使日后北京地铁公共艺术的创作、实施和评审，有了系统化的指导和依据。自此，北京地铁公共艺术进入了高速发展的时期。

经过对2009—2011年陆续开通的4号线、大兴线等线路的探索和积累，参与北京地铁公共艺术创作的艺术家们对地铁空间公共艺术的特点和需求有了更深的认识。越来越多优秀的公共艺术作品不断涌现出来，在市民中引起了很好的反响。

2011年以来，艺术家们在满足地铁空间的基本限定和要求的前提下，在多个方面取得了长足的进步。这一时期，地铁公共艺术创作中具有里程碑式意义的事是互动性理念的引入，用艺术激活空间。在2013年年底面世的8号线南锣鼓巷站的公共艺术作品《北京·记忆》（见图4）中，作者引入了用"琥珀"封存"记忆"的概念。作者首先用数千枚空心的琉璃块在墙面上组成了常见的老北京生活场景，然后发动北京市民尤其是南锣鼓巷周边的居民捐赠代表了他们的"北京记忆"的小型物品，并用文字和音频记录他们讲述的这一物品背后的故事。完成以上的工作后，作者将物品装入地铁墙面上空心的琉璃块中封存起来，同时将文字和音频上传到作品网站，并将与物品相对应的文字、音频链接制作成二维码放置在被封存物品旁边。这一作品的出现，使市民得以参与公共艺术创作的过程，突破了以往公共艺术作品单一的传播方向，形成了作

者与公众的互动；同时，乘坐地铁的乘客可以通过扫描二维码获得他们想要了解的物品背后的故事，形成了作品与观众的互动（见图5）。通过这两个互动过程，受众变成了作者之一，观众则被转化成了读者和传播者。封存记忆的过程和结果，都促成了新的记忆的诞生。作品突破了地铁空间对作品的局限，在虚拟空间中获得了更大的延展和可能。

图 4　北京地铁 8 号线南锣鼓巷站的《北京·记忆》

图 5　乘客参与《北京·记忆》作品互动

四、地铁公共艺术创作和管理的建议

经过 30 年的实践探索和发展，北京地铁公共艺术在管理、创作、遴选、实施和后续的维护上都已经形成了相对成熟的操作方法。通过对北京地铁公共艺术发展历程的梳理可以发现，地铁建设部门、地铁公共艺术管理部门、公共艺术创作者三方形成了对地铁公共艺术的某些共识。但是，影响地铁公共艺术创作和发展的局限也是存在的，以下是对北京地铁公共艺术在创作和管理上的一些思考。

1. 建设机制

北京地铁公共艺术现行的建设机制是由地铁建设单位负责通过招投标确定公共艺术组织单位，再由公共艺术组织单位组织资深专家进行创作和制作，并全程由北京城市雕塑管理办公室进行监制和把关。但是，当前地铁公共艺术建设和多单位配合机制是以地铁建设单位主动提出或在行政命令下引入公共艺术为前提的。尽管在地铁空间中设置公共艺术作品是多方的共识，但目前地铁公共艺术的建设仍然缺乏制度性或法律上的保障。因此，应该考虑从立法、行政法规或行业规范的角度明确地铁公共艺术的建设，而立法中必然涉及的量化比例、管理方法、设计的内容和规范也将为地铁公共艺术的发展带来诸多益处。

2. 管理方式

地铁作为重大的公共设施工程，往往采用集中管理、统一设计、统一布局的办法，本着易于管理的想法，存在将地铁公共艺术和站点的装修设计混淆的问题。受限于"流水作业"的学科分工协作方式，公共艺术创作者经常发现自己面对的是装修设计单位给其留下的"填空题"，在地铁公共艺术介入的时候，装修设计已经定型并进入施工阶段。由于缺乏有效的沟通，装修设计单位给公共艺术作品预留的空间位置往往会对公共艺术作品的形式和传播效果造成不必要的限制和负面影响。以投资数额为本位的管理理念认为，公共艺术仅是地铁庞杂的系统工程建设中非常微不足道的一

个组成部分，但是，实际上公共艺术对于车站、线路乃至一座城市的文化品质和文化形象有着至关重要的作用。因此，在技术的进步而带来的车站空间更加多样和宽敞的今天，应鼓励公共艺术创作更早地介入地铁的建设过程，与装修设计单位充分沟通和配合，实现公共艺术的表达和传播效果最大化。

3. 运营维护

地铁往往是在建设完成后，再移交给地铁运营方进行管理。由于地铁运营方并没有参与地铁公共艺术的创作、遴选和实施的过程，对公共艺术作品了解不足，因此难以很好地履行其管理维护公共艺术作品的责任，也往往不愿意为之付出额外的人力、物力。同时，公共艺术仅作为地铁建设中一个非常微小的子项目，导致公共艺术的创作者没有与运营方沟通的通畅渠道，作品移交运营后，创作者几乎无法对作品进行调整和维护。地铁公共艺术在建设完成后，就进入了一种管理、维护的半真空状态，在后期运营过程中，损坏现象时有发生。同时，按照公共艺术的发展规律，地铁公共艺术应该是一个动态的过程，根据社会和文化的发展，遵循一定的机制，可以生长、发展、改变，甚至拆除。这就需要一个相对独立的地铁公共艺术管理部门，负责统筹地铁公共艺术作品的维护和更新。

4. 题材选择

地铁站点公共艺术作品的题材选择，往往与站点在城市中的区位相关。北京的地铁公共艺术在题材的选择上区别于深圳、上海等地，往往倾向于表现北京丰富的历史文化遗存，这是与北京作为一座历史文化名城和作为我国的首都、文化窗口的定位分不开的。但是，随着北京地铁的线网建设日趋密集，以历史文化遗存为主导的题材选择也可能导致一些问题。首先，有限的历史文化遗存资源如何分配，需要合理的规划进行限定，由建设管理部门负责协调艺术家进行创作，避免在题材选择上出现重复、牵强的情况；其次，在题材选择中形成的思维定式，将有可能呈现遗存丰富的地区（如城市中心区）地铁公共艺术密集，而遗存相对较少的地区（如城市周边区域）则相对较少；最后，在城乡一体化、城市去中心化的宏观发展思路下，应鼓励和接纳更多样的题材选择思路，引导公共艺术这一文化资源在城市中的合理分布。

5. 推广与衍生

当前对于地铁公共艺术作品的推广和宣传仍局限于方案完成后征求市民意见的网上评选和地铁开通时的媒体报道，并没有一个系统化的方式向市民推介地铁公共艺术作品。应考虑通过设立网站、媒体发布、现场宣讲、制作公共艺术导览图册等方式，引导人们关注地铁公共艺术，充分利用地铁空间带来的巨大文化传播效应，有效发挥公共艺术的社会价值和城市文化品质提升效应。

地铁公共艺术的建设，不仅应体现为地铁空间的美化，还应立足于社会的发展和变化，反映科技的革新和演进，影响人们的生活方式和态度。因此，应建立一套完整的公共艺术生态机制，将地铁公共艺术打造成服务于国家和城市文化发展战略的文化艺术展示平台。

五、结语

2013 年 3 月 8 日，北京地铁单日客运量突破 1000 万人次，成为世界上最繁忙的地铁的同时，也意味着北京地铁公共艺术成为拥有巨大的观众群体和传播效应的文化艺术传播载体。北京作为全国最早建设地铁、最早建设地铁公共艺术的城市，北京的地铁公共艺术无论从哪个方面，都对我国的地铁公共艺术发展有着不容忽视的影响力。因此，在北京地铁公共艺术发展 30 周年的这一时间节点上，笔者通过对北京地铁公共艺术发展历程的梳理，对其未来发展的可能性进行了一些思考，希望能够对中国的地铁公共艺术发展有所裨益。

参考文献：

① 侯宁.地铁站内公共艺术及作品位置与形式研究［D］.济南：山东师范大学，
    2006.

② 北京市规划委员会.北京地铁公共艺术 1965—2012［M］.北京：中国建筑工业出版社，2014.

③ 崔冬晖.北京地铁奥运支线、机场线的公共艺术［J］.美术观察，2008，11（11）：18.

④ 王中.被误读的公共艺术［J］.公共艺术，2011，10（5）：66.

⑤ 赵婀娜，章正.京味儿"靓"地铁［N］.人民日报，2014-01-03（12）.

⑥ 陆伟伟，周颖，杨艳红，等.城市地域文化在地铁站中的表达研究［J］.城市轨道交通研究，2014（2）：22.

⑦ 李小娟，杨艳红，周颖，等.我国地铁车站主题文化装饰构建研究［J］.城市轨道交通研究，2014（9）：9.

互动性公共艺术介入地铁空间的可行性探索*

随着经济社会的高速发展，我国目前拥有地铁的城市数量与总运营里程，均已跃居世界第一。近年来，地铁公共艺术受到越来越多的重视。但回望我国 30 年来的地铁公共艺术发展历程，大多难以跳出壁画与浮雕的形式。在当代公共艺术注重话题性、参与性、互动性、体验性的诉求下，将互动性公共艺术引入地铁空间的可行性研究，便成了公共艺术研究者的重要课题。本文将理论分析和实例研究相结合，以期找寻当代地铁公共艺术创作的自身规律、特殊要求及方法。

一、互动性公共艺术介入地铁空间的外部环境

近年来，随着云计算、移动互联网、虚拟现实等技术的日益成熟，新媒体艺术、展览展示设计、交互设计等相关艺术领域也拥有了更多的可能性。作为与社会发展和社会思想关系最为紧密的学科，公共艺术的理论和实践同样处于不断地自我完善之中。一方面，当代艺术在延伸出无限可能性之后不可阻挡地开始了对公共空间越来越多的改造和干预；另一方面，社会民主的发展催生了更多关注社群、关注公众的社会学倾向的艺术项目和计划。由此，互动性公共艺术出现了前所未有的发展热潮。早在 2004 年，王中便指出公共艺术 "以动态和静态的两种形式介入城市的空间形态和人们的日常生活之

---

* 本文原载于《美术研究》2016 年第 2 期，与王浩臣合作，收入本书时略有删改。

中"，"大型活动、艺术展示"也进入公共艺术范畴。① 毫无疑问，今天观众能直接参与、体验的互动性公共艺术作品越来越多，并在公共交往、场域营造的活动中扮演日益重要的角色。

借着奥运和世博的契机，以北京和上海为代表的城市开始了新一轮地铁建设，地铁公共艺术也迎来了难得的发展机遇。② 随后，杭州、南京、西安、苏州、武汉、重庆等城市相继加入，公共艺术成为地铁建设的一个有效组成部分。③ 值得注意的是，2013 年青岛地铁在地铁全网规划阶段就将公共艺术纳入了其中进行整体考量，并成立专家艺术委员会为所有视觉形象把关，这种方式将会有效超越以往公共艺术简单的点缀和美化功能，使公共艺术介入地铁空间的更多方面。这种尚处于探索和实践阶段的创新方法，最终成效如何还有待观察。

由于中国地铁公共艺术发展时间短、停滞时间长，整体而言目前行业标准缺失、设计水平及施工质量参差不齐，建设及管理规范相对混乱，各责任单位权责不清，因而目前的成果无论从质量还是数量上，仍存在较大的上升空间。④ 在中国地铁公共艺术发展了 30 年后的今天，其实现形式随着科技、社会、行业的进步，正日趋多样化。其中，互动性公共艺术作品以其特有的公共性和社会性价值，正越来越多地进入地铁公共艺术创作。

二、地铁空间特性对公共艺术创作的影响及限制

地铁空间由于其特殊的功能属性，在公共艺术的设置上有着诸多独特的

---

① 孙振华，鲁虹.公共艺术在中国［M］.香港：香港心源美术出版社，2004：102.

② 上海在 2010 年世博会期间运营的 280 座地铁车站中，已经设置有 54 幅壁画，基本覆盖地铁网络中的枢纽站、换乘站和重点站，公共艺术覆盖率接近 20%。章莉莉.上海地铁公共艺术发展规划研究［J］.公共艺术，2013（4）：75.

③ 截至 2014 年年底，我国已有或在建地铁的城市达 40 个，地铁空间越发成为展现城市文化的新窗口。

④ 武定宇，宿辰.从艺术装点空间到艺术激活空间：北京地铁公共艺术三十年的发展与演变［J］.城市轨道交通研究，2015（4）：1-3.

要求。可以说，地铁自身的空间特性是决定公共艺术设置与否、如何设置的首要因素。

地铁空间最根本的属性当为其空间相对封闭，多为室内空间和地下空间，多采用灯光照明，温度、湿度等条件相对稳定，但空间容易产生压抑感。同时，由于地铁公共艺术的受众大多是在站立或行进中感受作品，因此其设置高度和位置也有一定局限。另外，在功能性特征方面，地铁内部空间对通过性要求较高，人员停留时间短。地铁空间中通行的人流无法较大范围地自由移动，人员流动的目的性、秩序性突出。这就决定了乘客在地铁空间中的视觉体验具有强烈的线性特征。此外，常年相对较大的人流量，使其在满足日常运行的前提下，对维护管理时间、空间造成了较大限制。再者，地铁空间公共艺术在设计时对空间、资金的利用是力求节约且高度合理化的。一方面，由于地铁空间的规划、设计、施工、管理经费均来自制定好的政府财政预算，在设计和施工过程中成本调整的弹性极小，需严格控制；另一方面，由于施工空间有限，作品的形态构成要绝对合理，并且其空间的特殊性对材料、照明、防火、供电等方面，都有强制性标准规范。

地铁公共艺术必须充分考虑上述地铁的空间特性，结合自身特有的受众面大、覆盖面广的优势因地制宜、恰如其分地将地铁公共艺术效用最大化，达到地铁公共艺术与地铁空间的完美融合。

三、地铁互动性公共艺术设置的分析与案例研究

根据国内外大量实践，笔者将地铁空间内设置艺术品的位置归纳细分为十三个区域。其中每个区域由于所处区位、功能定位、建筑结构等因素的差异，适用于不同的公共艺术表现形式和载体，并且很多特定空间的公共艺术设置也具有其独有的要求和特征。分析表明互动性公共艺术在不同地铁空间中的适用性和包容度，存在着非常大的差异（见表1）。

表1　地铁空间细分区域公共艺术设置对照

空间区域	艺术品数量	公共艺术主要表现形式	是否适合设置现场互动作品
建筑外立面	少	建筑、装饰	否
地铁出入口	少	雕塑	否
站厅层墙面	多	浮雕、壁画、装置、圆雕、广告	是
墙体转角空间	少	圆雕、装置、装饰	一般
扶梯空间楣头墙	多	浮雕、壁画、装置	是
站台层墙面（候车区域）	多	装饰、浮雕、壁画	否
站台层墙面（轨道内部）	中	浮雕、壁画、广告	是
换乘通道	少	广告、装置	一般
吊顶	中	装置、浮雕、圆雕、壁画、装饰、建筑	一般
立柱	中	装饰	一般
地铺	少	装饰	否
车厢内部	少	壁画、广告、装置	是
屏蔽门、座椅、垃圾桶、扶梯、服务中心、检票闸机、无障碍电梯轿厢等设施	少	装饰、公共家具、广告	一般

　　"互动"方式的差异使地铁空间中的公共艺术必须满足更加严格的要求。通常，互动性公共艺术分为科技互动和社会互动。前者依托技术支持，与新媒体艺术、交互设计等密不可分。观众及参与者通过自身的行为，在作品现场实时对作品的呈现造成干预和影响。此类互动作品的特点是直观、快捷，操作感强，体验感强，能极大地调动公众的参与热情。社会互动通常体现为计划型公共艺术或称新类型公共艺术，其更加关注社会话题，强调公共艺术与社会大众发生更直接和持久的关系，通过聚焦于特定社群、地点、概念、事件，让公共艺术在更广泛的外延产生更深远的社会效益。

　　依据公众参与公共艺术的地点不同，互动性公共艺术可被归纳为现场参与、后台参与及二者综合三种参与方式。在现场参与的互动公共艺术中，作品本身的技术手段、体验效果、气氛营造、舆论和环境的引导都会成为公众参与作品互动的主要诱因。例如，借助摄像头的捕捉和影像输出，观众在挥动手臂时，屏幕、灯光会随着动作出现相应的变化；借助感应装置，观众的移动速度、人员密度等因素会影响作品的形态；等等。也有形式上更为简单直接的，如利用镜面、涂鸦墙、二维码、现场派发的道具等实现公众参与，不一而足。后台参与式的作品更多地依靠工作团队在现场之外的工作以及互联网、移动终端、社交媒体。通过这些途径，也许我们今晚的网络行为就会成为明天展览上呈现的景观。

在表 1 所列的所有具体空间中，后台互动的形式都是适合的，如陈逸坚装置于台北捷运的作品《空间之诗》。这件运用 LED 字幕机的作品，除固定播放现代诗人的诗句外，所有市民都可以将诗作通过手机短信即时传送至字幕机上发表。另一件同样设置于台北捷运（世贸 /101 站）的作品《相遇时刻》（见图 1），通过后台庞大的工作量使现场路过时的不经意的浪漫成为可能。作品运用早期翻牌式时刻表的机械装置，构成 10×10 矩阵的互动脸谱，内藏由艺术家团队事先采集的来自台北市民的不同面孔。每个翻拍装置都有程序独立控制，能够排列组合出无数种搭配，进而形成由不同面容部位组成

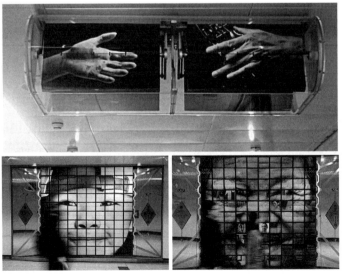

图 1　黄心健，《相遇时刻》，尺寸不等，2013 年，台北信义线世贸 /101 站

的合成脸孔。在装置中，每一小格中间都有活页横轴将小格横切成上下两页图像，上半格的图像会定时自动翻下覆盖下半格原来的图像。当很多小格同时翻动，就会瞬间发生变脸的效果。这些新创造的脸孔保有原有脸庞的特征，表达当人与人相遇时，情感的渲染，如同表情的相遇，与"老吾老以及人之老，幼吾幼以及人之幼"的理想。通过这样的作品，捷运站被塑造成了一个"兼具集体经验和心灵分享的公共空间"。①

然而，不同于后台互动性的作品，现场的互动有更为复杂的要求和限制。其最主要的受制因素当然仍是空间位置及通过性要求。标注为"一般"级别的，笔者认为主要是通过简单的感应方式进行互动，感应的信号包括温湿度、音量、人流量等，将这些信号进行采集、加工、转换、输出或表达。例如，地铁通道的楣头墙和吊顶空间面积大、与人距离远，因而公众不可触摸、不可近距离观看，亲密的参与和体验行为无从进行。但作为高视角、大视野的空间位置，如果通过传感器捕捉人的行走、数量等，从而在视觉呈现上有所变化，就会有意想不到的效果。另一些空间则是由于通行或安全的要求，不允许客流聚集，如换乘通道、出入口、扶梯、屏蔽门附近等，因而此类空间不适合设置近距离现场行为互动的作品。但往往恰恰是这些路过性空间的强制通过性，使得感应式互动作品的置入恰如其分，如南京苜蓿园站的音乐楼梯。在这件作品中，行人上下楼梯的脚步被传感器捕捉，进而实时在后台转化成对应的音阶播放出来，人在作品中行走，无意识中便好像触发了一架钢琴的自动演奏。当空间条件允许时，路过性空间中设置的现场互动作品常常会有更大的吸引力——即便不像音乐楼梯那样强制地、不自觉地触发。《给台湾人的书》（见图2）是设置于站厅层通道两侧的几本会自动翻页的小书。当没有民众观看时，装置的翻页速度非常缓慢。当有人开始观看时，装置会自动回到首页，并以每页15秒的阅读速率完整翻完这本小书。如果不赶时间，在喧闹的捷运中驻足阅读，又何尝不是一种充满悠闲文艺气息的心灵享受。

---

① 行政院新闻局.中华民国年鉴 中华民国九十六年 [M].台北：中华彩色印刷股份有限公司，2008：881–890.

图 2 《相遇时刻》中的作品《给台湾人的书》与观众互动

北京 8 号线地铁南锣鼓巷站的《北京·记忆》（见图 3），也是设置在站厅层墙面上。作品在互动内容上与地域特征相结合，方式上将现场互动与后台互动相结合，这样的处理在有效地拉近作品与民众关系的同时，也减少了观众在现场的滞留。更有意思的是创作者把现场互动参与与移动媒

图 3 《北京·记忆》与观众互动

介相结合，这种可以"带得走"的互动，进一步延展了互动过程的时间与可能。《北京·记忆》成为典型的具有地域特征、展现场所精神的互动公共艺术作品。①

　　同时值得我们注意的一个空间是车行通道内墙壁空间。出于种种原因，利用这个空间的公共艺术作品尚未出现，但是该空间的特性显然具备互动公共艺术的可能。目前，这个空间大多被运用于商业广告推广，如北京、上海地铁利用视觉延时和单帧动画的原理完成的"动态"广告。如果将该区域更多地用于公共艺术设置，在作品中置入相关的互动参与的可能，必定会给乘客带来行车途中不一样的体验。

---

① 武定宇.北京地铁公共艺术的探索性实践："北京·记忆"公共艺术计划的创作思考［J］.装饰，2015（1）：112–114.

四、互动性公共艺术介入地铁空间的原则

综上所述，互动性公共艺术介入地铁空间的优秀实践，无一不是艺术和空间、审美性和社会性相结合的结果。在满足地铁空间特有属性的前提下，如何最大化发挥当代公共艺术的价值，是地铁公共艺术创作的核心。结合上文论述及个人的地铁公共艺术创作实践，笔者将互动性公共艺术介入地铁空间归纳为四大原则：

第一，艺术公共性原则。

由于参与轨道交通的公众数量庞大、来源多样，人员结构远比任何城市区域中的受众都更为复杂，因此，所有人都能理解作品就显得格外必要。这就要求作品的立意明确，形式语言简洁，通俗易懂，公众喜闻乐见。这也就是要求互动性公共艺术的参与方式简洁易懂、方便可行，不应因公众的教育程度、文化差异、年龄等产生理解和参与上的障碍和困难。

第二，空间通过性原则。

地铁空间的首要功能是乘客通行，一切公共艺术都应以不影响通行为前提。地铁公共艺术中的互动，尤其是主动互动，应该是一种可带走的互动体验，会在公众的城市生活中持续发酵、持续产生关系和影响，而并不提倡在地铁空间的现场过久停留。

第三，设施安全性原则。

地铁空间人流量大、密度高，安全问题是设计及施工过程中的重中之重。除通常所说的应格外注意吊装等施工过程和固定技术方面的问题外，地铁公共艺术设计者在考虑公众安全的同时，应严格遵照相关规范，在密集人群的情境下保证作品和建筑、设施的安全，以保证地铁的安全、稳定运营。

第四，维护便利性原则。

易维护、低成本，是地铁公共艺术的天然要求。但对于部分依靠技术实现的互动性公共艺术而言，如果涉及诸如机械装置、传感器、电路控制、长时间 LED 照明等，其故障概率和养护频次的增加必然成为其进入地铁空间的减分因素。地铁空间公共艺术应尽量一次性施工完成并长时间保证相对稳定的状态，个别特殊情况可相应放宽，但仍必须以尽量不影响轨道交通运营、降低管理难度和成本为根本原则。很多我们在当代艺术、展览展示、景观等行业中常见的手段及元素，如机械、电控、流水、风动、化学反应等，在介入地铁公共艺术的时候，应格外谨慎并反复论证。

在不久的将来，越来越多的地铁空间将因为互动性公共艺术的介入而获得新的生命力。轨道交通公共空间也将被延展至站厅、站台之外的物理空间、网络空间、社会空间，激活市民互动，体现出公共艺术的价值取向和社会作用，城市的精神品质也将会通过地铁公共艺术的创作体现出具有时代性的阐释。不远的将来，地铁空间必将成为公众参与互动性公共艺术作品呈现的重要场所。

北京城市副中心公共艺术文化政策刍议[*]

一、鉴往知来——北京应当重视建构公共艺术文化政策

当今世界，文化软实力已成为影响城市竞争力和活力的关键要素。北京是我国首都，也是全国文化中心，尤其是党的十八大以来，中央明确了北京作为全国文化中心的城市战略定位。北京公共艺术作为承担"四个中心"建设职能的重要艺术载体，是彰显人民主权观念和统一多民族国家观念的重要艺术形式，是培育和弘扬社会主义核心价值观、引领全国社会主义文化风向和道德风尚的首要标识，也是国际文化交流的通用语言和纽带。同时，北京在文化艺术创作领域具有很强的引领作用，其影响力辐射全国，并受到世界关注。未来北京的文化引领作用将进一步加强，公共文化政策的建设也应当引起重视，因为它不仅能够有效助力首都的未来发展，还能在全国范围内产生示范效应以及难以估量的社会价值。

中华人民共和国成立初期的人民英雄纪念碑，面向全国和海外侨胞征集设计方案，动员社会各界人士参与研究建设，1958年落成后，引起了极为强烈的反响，并在全国范围内掀起革命纪念碑创作热潮，^① 积淀为宝贵的历史文化遗产，集体创作和广泛征求群众意见的公共艺术项目创作模式也影响深远。

---

* 本文原载于《美术研究》2019年第6期，收入本书时略有删改。

① 殷双喜.永恒的象征：人民英雄纪念碑研究［M］.石家庄：河北美术出版社，2006：225.

首都"十大建筑"附属公共雕塑的建设，也促成了革命现实主义和革命浪漫主义相结合的"双结合"模式，并掀起了中国公共雕塑艺术创作的高潮。

改革开放以来，1990年北京亚运会和2008年北京奥运会准备期间，北京建设完成了一大批在艺术质量、数量、社会效益方面均取得显著成就的城市雕塑作品。这些奥运主题的公共艺术向世界展示了中国形象、中国精神、中国气派，传达了绿色奥运、科技奥运、人文奥运理念，有效提升了所在区域的城市空间品质。

同时，北京在城市雕塑的政策与管理方面走在全国前列，起到了很大的引导示范作用。1982年《关于在全国重点城市进行雕塑建设的建议》得到中央领导批示，全国城市雕塑规划组在北京正式成立，并决定在北京等十二个省市进行城市雕塑试点。1982年年底，北京市城市雕塑规划领导小组宣告成立，《北京市城市雕塑建设管理暂行规定》自1988年12月15日起颁布实施，明确了城市雕塑的主管机关、审批流程、建设资质、验收与维护等，该规定是全国最早的城市雕塑建设管理办法，起到了模范带头作用。

1993年，首都雕塑艺术委员会与首都规划委员会办公室联合制定了《北京城市雕塑建设规划纲要》，根据首都的性质和地位，结合北京的历史文化，对城市雕塑建设原则、题材、布局、艺术质量、规划项目、实施措施等，作出了明确具体的规定，使首都的城市雕塑建设工作有了一个总的蓝图。1995年，北京市委、市政府召开了北京城市雕塑工作会议，把城市雕塑定位于城市精神文明工程。[①]1996年，由市委、市政府有关领导组成的首都城市雕塑建设领导小组成立。同年底，北京城市雕塑建设管理办公室正式成立。2012年3月22日，北京市规划委员会组织召开工作会议，提出要充分认识城市公共环境艺术工作的重要性，切实推进《北京"十二五"城市公共环境艺术（城市雕塑）发展规划纲要》实施。[②]

纵观其发展，北京以往公共艺术的创作和管理建设，主要集中在城市雕

---

① 建轩.北京上海：提升城市雕塑建设水平打造城市雕塑精品［J］.城乡建设，2008（1）：41.
② 武定宇.演变与建构：1949年以来的中国公共艺术发展历程研究［D］.北京：中国艺术研究院，2017.

塑领域，取得了相当大的成效，但也存在一些问题。首先，缺少针对当下首都北京城市定位和各区域特质展开的、清晰明确可执行的公共艺术整体规划；其次，政策理念有一定的滞后性，管理重点集中在城市雕塑，忽视了其他更加多元灵活的创作形式，如公共艺术计划、公共艺术设施等。这些问题导致北京的公共艺术发展较为单一，不能与首都城市发展需求准确匹配，亟待加强政策建设。

二、他山之石——公共艺术文化政策撬动地域文化艺术繁荣

鉴于公共艺术多层面的社会价值，20世纪中叶以来，很多国家和地区大力推行公共文化政策。同时，国内台州等地区也推出了公共艺术相关政策并取得了一定成效。

（一）欧美国家的公共艺术政策发展

欧美国家的公共艺术政策发展有不少经验值得我们关注和汲取。

作为美国的政治中心和重要文化中心，华盛顿无论是早期城市选址与规划，还是后期对城市格局的修改补充和地标建筑、公共艺术品的配置，都围绕"首都"和"纪念性"主题展开，依托"百分比艺术"等政策保障，长期持续实施公共艺术品的增补建设，形成了庄严厚重、富有感染力的城市风貌。早在20世纪初期，华盛顿就将大量资金投入城市的公共空间艺术建设。1927年的邮政部大楼建筑，预算的2%被划分给了装饰雕塑。国家档案馆则为艺术品花费了高达4%的预算费用。1986年，华盛顿通过了公共艺术百分比条例，要求城市公共建筑应有不少于1%的预算用于公共艺术的建设。华盛顿市政府艺术人文委员会依据条例，专门建立了公共艺术计划，其中包括收购作品的艺术品银行计划、社区艺术推动计划、地铁艺术计划。这些公共艺术计划有效推动了华盛顿公共艺术的发展。最终，华盛顿形成了两条以横纵轴线为主干线的城市结构，配合以轴线两端和两侧的华盛顿纪念碑、越战纪念广场（见图1）、阿林顿国家公墓纪念性雕塑、罗斯福纪念园等公共艺术项

图 1　林璎，越战纪念碑，两翼均长 6096cm，1982 年，华盛顿

目，打造了庄严厚重的首都城市文化氛围。

　　欧洲绝大多数国家在 20 世纪通过了公共艺术法案。自大萧条时代后，法国就开始了如"学校建筑艺术品法案"等公共艺术立法的尝试。德国在 1952 年制定建筑物艺术政策后，于 20 世纪 70 年代开始集中探索公共艺术政策。英国于 1988 年提出的"百分比艺术"主张，迅速被各市、郡和地区的公共艺术政策、策略以及指导性文件吸收并推行（见图 2）。北欧的瑞典在 1937 年成立了隶属政府文化部的公共艺术机构，主管国家公共艺术的运营、购买和设置。挪威不仅通过了"公共艺术百分比"法令，还将百分比艺术政策细分为政府建筑、政府租赁建筑和旧政府建筑、市郡建筑、室外公共空间四种类型。大部分东欧国家也拥有相应的公共艺术保障机制。

　　西班牙的巴塞罗那首先通过 1860 年的"塞尔达规划案"（Plan de Cerda）将市区改造成具备现代都市基本格局的棋盘式城市。1880 年，为举办巴塞罗那市第一次万国博览会，巴塞罗那通过了"裴塞拉案"（Proyecto Baixeras），促成了巴塞罗那的公共空间及雕塑品建设的第一个高峰期。此后，1929 年第

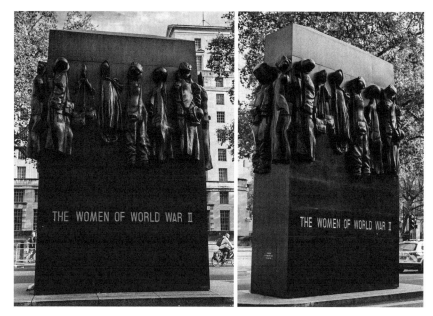

图 2 约翰·米尔斯，《第二次世界大战妇女纪念碑》，高 670cm，2005 年，伦敦

二次举办万国博览会和 1992 年奥运会等大事件持续推动公共艺术建设，巴塞罗那从一座没有广场的城市，演变为今天被称作"开放空间的雕塑美术馆"的城市，用公共艺术成功打造了世界一流城市品牌。[①]

（二）亚洲国家的公共艺术政策发展

亚洲地区日本公共艺术起步较早。20 世纪 50 年代，随着战后经济的高速发展，工业社会对居住环境的诸多负面影响开始引起反思，也迫使日本政府调整城市发展模式，努力提高和完善城市公共空间环境质量。"城市景观的创造活动"迅速普及全国，这种活动大多是地方或居民自发的，艺术家利用当时的机会与民间活动融为一体，创造出很多优秀的作品。进入 20 世纪 80 年代，公共艺术领域大量的资金投入，媒体的大力宣传，政策规划与设置执行层面的不断完善，引起社会各界的广泛关注。经过半个世纪的发展，日本虽未制定明确的公共艺术法规，但政府的鼓励政策和公共艺术概念的普及，

① 王中.公共艺术概论［M］.2 版.北京：北京大学出版社，2014：192.

不仅使城市公共环境得到改善，还惠及乡村欠发达地区。例如，公共艺术项目的实施成功打造了"濑户内海艺术节"和"越后妻有大地艺术祭"两大艺术节庆，取得了良好的社会经济效益，推动了当地的产业复兴和乡村再生。

韩国于20世纪80年代末提出"文化立国"的战略，制定了《文化产业振兴基本法》，形成了推动文化产业发展的法律体系。韩国多个部门设立了文化产业专项资金，并于1995年实施公共艺术百分比政策，要求开发商在承建大型建筑物时必须留出1%的建设成本用于公共艺术项目即绘画、雕塑、工艺等美术装饰。据统计，1995—2008年，韩国共耗资5.46亿美元打造了万余件公共艺术作品。公共艺术政策的支持，使得韩国公共艺术普及度大为提高，不仅提升了都市的空间品质，还使公共艺术在城市和乡村的社区改造、景观营建方面发挥了积极作用。例如，韩国首尔的骆山艺术公园、釜山的甘川洞文化村等著名景点都是在公共艺术政策支撑下，通过艺术介入打造而成的。[1]

（三）中国公共艺术政策的发展状况

浙江台州的公共艺术政策的尝试与实践颇具突破性。2005年年底，台州市政府率先下发《关于实施百分之一文化计划活动的通知》，成为中国大陆第一个设置公共艺术百分比政策的城市。台州市结合相关经验和本地实际，明确规定在城市规划区范围内，城市广场绿地和占地2公顷以上的工业项目、总投资3000万元人民币以上的公共建筑、重要临街项目、居住小区等建设，必须从其建设投资总额中提取1%的资金，用于城市公益性、开放性、多样性的城市雕塑等公共艺术建设，同时对所提取资金的使用、方案设计、建设标准和建后管理等提出了具体要求。2009年，台州正式出台《关于加快推进"百分之一公共文化计划"的实施意见》（台市委办〔2009〕40号），提出实施"百分之一文化计划"的明确要求。2016年10月28日，《台州市城乡规划条例》正式通过，并于2017年3月1日起施行，再度明确了"城市重要建设项目应当配套建设公共文化艺术设施"的原则以及资金管理和项目审核相关政策。

---

① 王中．公共艺术概论［M］.2版．北京：北京大学出版社，2014：134.

在"台州经验"的带动下，2017 年，浙江省十二届人大常委会第四十五次会议通过了《浙江省城市景观风貌条例》，这是全国首部针对城市景观风貌管理的立法，明确规定了公共建筑的艺术品配置和百分比预算。这些尝试证实，公共艺术在中国当前发展阶段和现行制度条件下，完全可以通过政策的扶持与引导，结合当地状况形成具有中国特色的、适应本土环境的发展模式。

三、北京城市副中心所在地通州地区公共艺术的现状

通州区以往的公共艺术作品以城市雕塑为主，在北京各城区中发展滞后。2012 年北京城市雕塑建设管理办公室普查结果显示，1949—2012 年北京城市雕塑作品总体有效数据为 2399 件。笔者对该统计数据进行了核定与补录，目前统计的北京城市雕塑作品有效数据为 2530 件。其中通州区城市雕塑数量 56 件，仅占北京城市雕塑总数的 2%，在各城区中位列第 14 名，且主题内涵、建设质量有待提高，其他类型的公共艺术项目发展也严重不足。通州作为北京城市副中心，要构建"一带、一轴、多组团"的空间结构，大规模的城市新空间开发与新社群的迁入，为公共艺术的全新规划提供了极大的可能性。具体情况见表 1、表 2、图 3。①

表 1　六大主城区雕塑作品数量分布　　　　　　　　单位（件）

东城	西城	朝阳	海淀	丰台	石景山
207	220	445	372	145	299

表 2　十一个郊区县雕塑作品数量分布　　　　　　　　单位（件）

门头沟	房山	通州	顺义	昌平	大兴	怀柔	平谷	密云	延庆	亦庄
52	104	56	73	88	63	97	36	125	125	23

---

① 武定宇，等.中国精神在城市公共空间和城市雕塑中的体现［R］.北京城市雕塑建设管理办公室，2018：347–350.

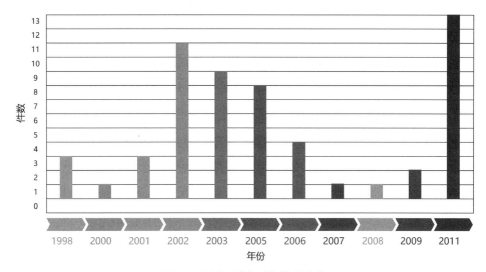

图 3　通州区城市雕塑数量变化

2011 年是通州城市雕塑建设的高峰年，大运河森林公园中的雕塑建设是这一年城市雕塑数量增加的主要原因。大运河森林公园、奥体公园等项目中的雕塑建设，拉升了公共服务和绿地广场空间的城市雕塑数量占比，但综合功能空间、居民社区空间、公共交通空间、商业服务空间建设薄弱，尚待补充提升。通州城市雕塑按内容题材划分，主要是表现生活趣味的小品类，主题明晰、符合区域发展定位的文化体育类、政治宣传类的作品偏少，国际交流和科技创新类处于缺失状态（见图 4、图 5）。其城市雕塑的建设主要集中在运河文化园和通州奥运广场区域，虽初步勾勒了运河文化主题，但作品艺术品质不高，未能与区域文化资源及基础设施深度配合，缺乏区域标志性的亮点成果。

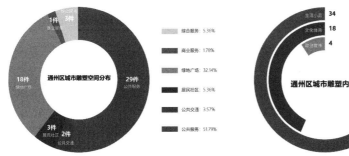

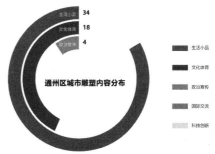

图 4　通州城市雕塑空间分布情况　　　图 5　通州城市雕塑内容分布情况

四、在北京推行公共艺术文化政策，北京城市副中心应作为先行试点区域

长远来看，在北京全面推行公共艺术文化政策是大势所趋，但前期推进不易全面铺开，应选择北京城市副中心为试点区域开展工作。北京城市副中心的规划建设是千年大计、国家大事，要以"创造历史、追求艺术"的精神进行规划建设。《北京城市总体规划（2016年—2035年）》（以下简称"北京新总规"）明确了北京"四个中心"的战略定位和建设国际一流的和谐宜居之都的目标。城市发展过程中"软环境"建设不容忽视，而公共艺术在激活城市空间、打造城市景观、塑造城市文化方面具有不可替代的作用，选择北京城市副中心作为公共艺术文化政策试点也就成为客观需要和必然选择。

首先，北京城市副中心的规划建设为其公共艺术的发展提供了千载难逢的历史机遇。公共艺术陈设于公共空间，具有高度的观赏性和社会性，其建设过程应与城市基础设施建设同步，既可避免重复建设的污染与浪费，又可最大限度发挥其社会效益。目前北京城市副中心的公共艺术发展几乎是"白纸一张"，既避免了清理改造旧有项目的掣肘，又配合了城市规划的全新展开，将"一张蓝图绘到底"。

其次，北京城市副中心丰富的文化资源为发展公共艺术提供了优良土壤基础。北京是全国文化中心，北京城市副中心地处通州，历史上就是北京的"东大门"，具有深厚的运河文化和北京文化积淀。因此，植根于城市文脉的公共艺术项目建设，是弘扬构建城市文化、打造城市新景观、发展文化旅游深度融合的重要途径。

最后，公共艺术建设能极大地提升北京城市副中心的宜居度和居民幸福感。经过3年的冲刺奋战，如今城市副中心第一批市级机关已正式入驻，未来还将有更多北京主城区疏散人口和外地人口涌入。公共艺术能够有效改善城市软环境，增强居民对社区的认同感、归属感与自豪感，疗愈城市建设高速推进带来的焦虑与不安定感。通过与北京新总规和北京城市副中心规划的结合，"多规合一"的公共艺术规划建设，将在提升新城区的宜居度和居民社群的融合、消解区域发展初期迁入人口的不适与隔阂、提升居民幸福感的过程中发挥重要作用。

五、关于北京城市副中心公共艺术文化政策试点措施的思考

近年来北京对通过公共艺术提升城市软环境较为重视，尤其在中华人民共和国成立 70 周年、建党 100 周年的重大历史节点背景下，公共艺术的全面规划建设应尽快提上日程。笔者针对北京城市副中心的公共艺术发展有以下几点思考。

（一）组织制定北京城市副中心公共艺术发展规划

应尽快组织区域公共艺术摸底调研，准确把握目前北京城市副中心的发展短板与需求，制定并实施北京城市副中心公共艺术发展规划。

目前北京市规划和自然资源委员会、通州区人民政府组织编制了《北京城市副中心控制性详细规划（街区层面）》。通州的城市建设已进入新阶段，建设方向十分清晰，但公共艺术方面的配套方案尚未明确。在未来的公共艺术建设上，要有整体的规划意识，文化的空间营造也应多规合一。

以往的北京公共艺术建设，主要集中在城市雕塑方面，但因缺乏整体的规划意识，以及观念和管理的相对滞后，产生了一批艺术水平不高、模仿严重、题材雷同、工艺技术粗糙、历史文脉偏离、与环境不协调、建立和拆除随意性强的劣质作品，[①]破坏了城市的景观和文化品质，造成了社会资源浪费。因此，在公共艺术建设中，规划先行尤为关键。在未来北京城市副中心建设过程中，公共艺术发展规划应当是与城市的格局、景观风貌和文化脉络紧密融合、相辅相成的，要与北京城市副中心的整体规划紧密配合、同步进行，避免造成与城市文脉和环境脱节、重复建设、滞后建设等问题。

---

① 吴为山.城市雕塑该立法了［J］.美术观察，2014（5）：27–28.

（二）逐步组织成立专家委员会、公共艺术推广办公室

为实现北京城市副中心公共艺术政策的落地，应尽快组织成立公共艺术专家委员会，并在北京市相关职能部门下成立公共艺术推广办事处，开展公共艺术立法和普及的前期工作。例如，定期举行相关学术论坛、讲座和作品推介工作，增强市民的参与度与艺术素养，充分发挥公共艺术的美育功能；筹划北京国际公共艺术节等相关活动，打造文化品牌。

美国费城于1959年批准了公共建筑的1%预算用于公共艺术品建设的法令，是美国最早执行公共艺术百分比法案的城市，公共艺术委员会制度也较为成熟。费城市政府公共艺术办公室（The City of Philadelphia Public Art Office）是代表官方的、最权威的公共艺术管理机构，负责与费城公共艺术相关事宜的整体管理工作，包括选择、购买、试运行、保存、维护以及其他有关公共艺术收藏品的日常管理。同时设立的费城艺术委员会（The Philadelphia Art Commission）是负责公共艺术项目创作与维护的艺术机构，其负责人由市长指定，其成员为艺术和设计方面的专家与公共财产专业顾问专家。他们具体负责城市内公共建筑、艺术作品的设计与定位，以及执行公共艺术作品的宣传、保存与调整计划。政府的公共艺术办公室保证了管理的权威与稳定，而艺术委员会能专业、灵活地从事作品的创作、推广与维护。

中国香港的艺术推广办事处也颇有成效。香港艺术推广办事处附属于民政事务局康乐及文化事务署，专责公共艺术、社区艺术及视觉艺术中心的事项。作为政府机构，其积极为艺术工作者提供一站式服务，协助其创作及发展，并负责为公共艺术作品和公共艺术计划制定甄选原则，包括艺术性及创意、艺术家的公共艺术创作经验、作品与环境的配合程度、技术及财务可行性、公众安全、教育价值、陈列价值、日常管理、维修及保养等各方面的评价标准。办事处通过与康文署、房屋署、路政署等机构的协作，已经主导并执行了数十个公共艺术计划，包括艺绽公园、港铁艺术计划、"艺游邻里"计划等。此外，艺术推广办事处还积极组织艺术教育活动，积极记录、宣传和维护以往的公共艺术项目。香港艺术推广办事处通过公共艺术的组织创作和教育推广，切实成为香港城市文化美育发展的重要助推器。

（三）守正创新，建设具有国际影响力的新地标经典名作

在未来的发展中，建议邀请国内外顶级大师，根据公共艺术发展规划的定位，着力完成几件具有国际影响力的公共艺术杰作，打造北京城市副中心文化新地标，凝聚文化力量，带动区域文旅产业发展，增强居民的归属感和自豪感。

城市的地标性景观承载着一座城市的品位和文化修养，以及大众的审美水平，也是城市居民社群认同感和自豪感的重要来源，在对外宣传中更是最直观有效的城市名片，是城市综合竞争力的重要组成部分。例如，法国首都巴黎的凯旋门和埃菲尔铁塔两大地标性公共艺术建筑对其文化影响力和城市形象的塑造起到了不可替代的作用。凯旋门系 18 世纪初拿破仑为纪念对俄奥联军的胜利，在巴黎市中心修建的，其以古典风格雕塑装饰，配合周边的放射状街道形成庄严宏伟的城市景观。埃菲尔铁塔为举办世界博览会并纪念法国大革命 100 周年，于 1889 年在塞纳河南岸宣告落成，成为巴黎的新地标和法国现代文化的重要象征，同时是全世界付费参观人次较多的名胜之一，到 2010 年累计参观人数已超过 2.5 亿人次，每年为巴黎带来 15 亿欧元的旅游收入。巴黎的历史文化底蕴和营建公共空间艺术品的传统造就了凯旋门和埃菲尔铁塔，它们也为巴黎带来了极为丰厚的回报。

未来北京城市副中心作为北京新两翼中的一翼，要坚持"世界眼光、国际标准、中国特色、高点定位"。一个具有深厚文化内涵、高超艺术水准、国际化传播潜力的城市地标是不可或缺的，应当尽快被纳入规划日程。

（四）加强改革创新，在三个特色小镇和文旅区探索施行"双百分之一"政策

20 世纪六七十年代，美国在城市建设中推出"公共艺术百分比"计划，规定在城市所有建筑建设中，都需拿出 1% 的经费作为城市公共空间艺术创造的基础资金。该理念在之后被很多国际大都市借鉴使用，均取得不错的实效。北京城市副中心可在此基础上，探索出台更具灵活性的"双百分之一"人文政策，即新建项目既可以提取 1% 的建设资金作为公共空间建设专项资

金，用于公共区域内艺术空间、文艺设施的建设、更新与维护，艺术节庆、文艺展演及政府性公共文艺活动等，也可以提供建筑面积的 1% 作为公共人文艺术服务空间，用作艺术展览展示馆、图书阅览室、开放创作室、博物馆、文化沙龙、舞台表演剧场等。对部分资金量或体量较大的项目，可设置阶梯执行标准，如超过 10 亿元或 10 万平方米的项目，超出部分可按 1‰ 执行。有此专项资金和公共空间作"家底"，可有效化解当前北京城市副中心公共艺术发展所面临的一些现实难题。例如，宋庄艺术小镇虽艺术氛围浓厚，但人文空间以艺术家工作室和私人美术馆为主，无法统筹使用并实现常态化对公众开放交流。若在后续开发中试行"双百分之一"政策，就能够较好地解决发展公共艺术的资金缺口和空间不足问题，推动区域空间结构二次调整，促进小镇人文氛围进一步提升。考虑到该政策具有一定的超前性，建议将政策施行范围先行控制在三个特色小镇和文化旅游区，待取得一定成效并形成成熟机制后，择机在副中心全域推行。

（五）强化舆论引导与国际传播

首先，建立专业的副中心公共艺术大众传播机制。联动文旅产业发展、文化品牌塑造，在公共艺术项目规划建设的同时，科学设计宣传推介思路与融媒体传播内容、传播节奏，做到"规划时预热引导，建设中传播监管，落成后跟踪挖掘"，形成及时有效的"传播—反馈"机制，实现从创作到传播联动管理的良性循环。

其次，做好全过程舆论引导。在副中心公共艺术项目规划、建设、落成全周期，做好风险预判与危机预案；结合舆论场重点平台，对重点作品可能存在的舆情风险进行针对性监控；结合专业传播机制，对正面舆情积极推动，促进社会效益最大化，对负面舆情联防联控，及时反馈纠正。

最后，积极开展国际推广传播。充分重视首都北京作为国家形象代表的使命和国际交往中心的战略优势，坚持对外宣介与对外开放相融合、国际传播与城市区域发展相融合，围绕三大文化建筑这一城市文化 IP，发挥各地特色和优势，共同讲好"北京故事"；"以我为主"，充分动员辖区内文化资源，推动对内文化传播与对外形象传播同频共振，推动构建国际一流水平公共文化事件，塑造跨国、跨文化传播新景观，打响公共文化品牌。

（六）提出相关法案与机构，在不断完善中形成中国公共艺术"北京方案"

通过前期的时间磨合与努力，逐步探索出一套相对适合中国、适合北京城市副中心的公共艺术管理机制与政策；通过立法的相关程序，逐步颁布相关政策、管理办法，形成完备的管理机构和专家艺委会评审机制；通过后续长时间的不断完善构建公共艺术的"中国模式"和"北京方案"，进而引领京津冀乃至全国的公共艺术发展。

法规和机构制度的建设后续影响深远，筹划应当慎之又慎，力求周密务实。目前北京城市副中心还没有落地相关文化艺术政策，虽然具备一定的"后发优势"，但国内公共艺术文化法规和管理制度建设可借鉴的案例不多，而且北京城市副中心地位重要、定位特殊、影响巨大，决不能操之过急，要在充分掌握方方面面的现实状况的前提下，反复研讨，结合规划目标，制定符合本土特质和北京城市副中心定位的公共艺术"中国模式"和"北京方案"。

人民的艺术[*]

——新时代中国公共艺术的定位与价值取向

党的二十大报告提出：坚持以人民为中心的创作导向，推出更多增强人民精神力量的优秀作品，培育造就大批德艺双馨的文学艺术家和规模宏大的文化文艺人才队伍。报告为中国当代公共艺术创作提供了明确方向，也为我们思考中国公共艺术的基本定位和发展优势提供了重要指引。

"公共艺术"是一个来自西方的概念，伴随着中国城镇化建设的飞速发展，于20世纪90年代被引入，逐步开展了本土化的实践和研究尝试，并在一定程度上吸纳了中华人民共和国成立以来城市雕塑的建设成就。任何一种理论或概念，都必须经过本土化的发展才能落地生根。新时代，我们有必要对中国公共艺术的根本定位与未来方向进行认真总结与思考。

一、为人民而生的中国公共艺术

中国公共艺术作为现代公共文化服务体系建构的重要形式，应当被放置于公共文化的语境中加以检阅。在新时代背景下，如果一定要给中国公共艺术下定义，则应当从价值取向上定义中国的公共艺术，即中国公共艺术必须是一种服务人民的艺术。

新时代，党和国家坚持以人民为中心的发展思想，"人民至上"是贯穿新

---

* 本文原载于《中国文化报》2022年12月12日第3版，收入本书时略有删改。

时代发展的主线。这恰与中国公共艺术的本质相契合。顾名思义,公共艺术是存在、传播于公共空间中的艺术形式。不同于可以"孤芳自赏"的传统架上艺术,允许创作者纯粹追求自我表达和在封闭场域内的展示传播,公共艺术是最直接、最深入人民大众的艺术,在创作伊始就预设了由最广大的公众来进行欣赏与接受,并通过互动传播部分参与作品的创作与"生长"(见图1、图2)。从创作的出发点到最终被接受,中国公共艺术都以"公众"为核心,是为人民而生、为人民服务的艺术形式。

图1 孙玮婷等,老山街道公共艺术设计及互动场景,尺寸不等,2020年,北京石景山

图2 武定宇等,《五谷丰登》,直径400cm×6组,2018年,长春

具体来看,当下中国公共艺术的建设机制以政府部门为主要的发起者、出资者和管理者。政府相关部门通常将公共艺术视为精神文明建设与公共文化服务工作,往往以美化城市环境、提升公共文化空间品质、打造城市文化品牌为目的,最终则是为了改善民生,实现人民对美好生活的向往。另外,由于公共艺术的互动性,在发挥艺术家创造力的同时,也往往激发着人民群众的想象力与创造力,以艺术的方式,将最广大的公众联结在一起,引导具有生长力的文化创造,是公共文化服务体系的有效支撑。

二、中国公共艺术的社会制度优势

公共艺术以社会公众为创作的接受者和参与者,在创作过程中,需要进行一定程度上的社会公共资源调配。公共艺术的"公共性"与社会主义制度存在天然的契合,也是中国公共艺术发展的制度优势所在。

公共艺术的本质,决定了其与人民大众的紧密联结。其创作成败,也取决于对公众造成的影响与反馈,需要考虑到社会集体意愿和要求的最大公约数。也就是说,作为体现"人民的意志"的公共艺术,其评判必须以人民的满意度为准绳,只有经得起人民群众检验的作品才是合格的公共艺术(见图3)。基于以上原则,具有中国特色的公共艺术发展有着鲜明的社会制度优势。

人民当家作主的社会主义制度,始终坚持人民的主体地位,以民为本是中国特色社会主义的出发点和落脚点。社会主义文化是从群众中来、到群众

图3　邵旭光等,《行云流水》,高200cm,2019年,北京大兴国际机场

中去的文化。我国的社会主义制度从价值取向上保障了公共艺术不会沦为强势资本的商业工具，为公共艺术健康、可持续发展提供了基本保证。

在具体的创作和实践落地过程中，中国公共艺术也具有巨大的社会制度优势。很多公共艺术项目都需要配合城市基础设施建设展开。中国特色社会主义具有集中力量办大事的优势，保障了在社会物质和文化建设中能够快速高效地调配公共资源、达成有效管理运作。在民主集中制背景下，政府管理体系与宏观调控的丰富经验、城市建设规划先行的惯例，都为构建具有中国特色的公共艺术发展提供了良好的社会基础。

另外值得注意的是，中国公共艺术发展有助于中华民族共同体意识的构建。公共艺术虽然是由艺术家个体进行设计创作的，但其最终完成很大程度上有赖于公众的接受与互动，本质上是一种集体意识的创造。中国人民自古以来就具有强大的集体意识，追求"天下为公""四海之内皆兄弟"的理想境界，与马克思主义相结合，形成了中国特色社会主义的集体主义，为公共艺术所追求的公众意识、增进认同与融合提供了有力支撑。

三、讲好中国故事，公共艺术大有可为

中国公共艺术的本质是人民的艺术，以人民为中心是中国公共艺术的核心价值取向。在艺术与公共之间，立足于艺术本体，满足人民需求，走向人民群众，坚持为人民服务、为社会主义服务，传递中国文化自信，从艺术家肇始最终反哺人民，是中国公共艺术家"匠心"的终极目标与责任担当。

新时代的中国城市建设，正在从功能城市走向人文城市，以人民群众喜闻乐见的艺术形式塑造城市文化灵魂、讲述城市故事是当前新型城镇化转型的迫切需求，也是新时代中国公共艺术使命之所在。公共艺术因其自身的公共性、参与性等特点成为将艺术元素融入城乡建设、满足人民美好生活需要的理想途径。公共艺术作为社会公共空间中的艺术载体，小中见大，用文化艺术的方式更新人们固有的思维观念，充分体现人民意志、保障人民权益，激发人民的创造活力，改变城市的创新轨迹，具有极其强大的生命力和延展

性，是健全现代公共文化服务体系的重要途径。

随着社会发展水平的持续提高，人民群众对高品质文化生活和文化自信自强、文化交流的需求也日益提高。公共艺术具有强大的文化转化力与创新力，作为能够跨越地域文化与语言障碍的艺术语言，在文化交流中能够发挥巨大的桥梁作用。中国公共艺术工作者，应当不断尝试为广大人民群众创造新的文化艺术精品，以潜移默化的方式提升公共文化服务和公众美育水准，并努力探索中华优秀文化的创造性转化、创新性发展，立足中国、走向世界，以具有中国特色的公共艺术形式增强中华文明的传播力，讲好中国故事、传播好中国声音，向世界展现可信、可爱、可敬的中国形象，推动中华文化更好走向世界。

新时代，中国公共艺术将随着社会主义建设的完善和中华民族伟大复兴中国梦的实现逐步渗入人民生活的方方面面，并将成为以人民为中心、完善中国公共文化服务体系与提升人民群众幸福感和获得感的重要方式。在今后的道路上，作为中国的公共艺术工作者不仅需要有"顶天"的视野与胸怀，更需要怀揣和践行"立地"的决心与行动，用无数朴实的小行动去筑就中华民族伟大复兴的大梦想，通过行动去书写属于这个时代的公共艺术史卷，将艺术创作写在中国的大地上，为全面建设社会主义现代化国家、全面推进中华民族伟大复兴作出自己的贡献。

城市型、应用型大学视野下公共艺术专业发展的思考与探索*

公共艺术以对城市和文化的关注为出发点和立足点，在城市设计下创新城市文化、重塑城市认同、创造宜居环境、促进社会融合和激发城市活力等方面的重要作用日益受到广泛的关注与重视。它不是简单的城市景观环境营造，而是联结城市空间和人类生活的具有开放性和创造活力的中介。[①] 当今社会城市的发展趋势已经从重功能、重形式转向重人文、重生活，由"功能导向"转向"人本导向"，是否宜居成为判断一座城市好坏的标准。2013 年 12月，在中央城镇化工作会议上，习近平总书记提出城镇建设要"望得见山、看得见水、记得住乡愁"[②]。因此，在中国经济迅猛发展、城市化进程速度加快的今天，城市型、应用型大学开设公共艺术专业必将为中国新型城镇化建设带来新的发展契机。

一、城市型、应用型大学服务城市建设

城市型、应用型大学是在应用型大学发展模式背景下探索出的一种全新的办学理念，"立足城市、面向城市、服务城市"是它最大的特点，也是其生

---

* 本文原载于《北京联合大学学报》2017 年第 3 期，收入本书时略有删改。

① 王中.公共艺术概论［M］.2 版.北京：北京大学出版社，2014：27.
② 中央城镇化工作会议举行 习近平、李克强作重要讲话［EB/OL］.（2013-12-14）［2024-05-06］.https://www.gov.cn/ldhd/2013-12/14/content_2547880.htm.

命力之所在。目前我国高等教育人才培养与经济结构调整和产业升级之间的矛盾日益凸显，中国迫切需要进行一场高等教育改革。2015 年 3 月 5 日，李克强总理在《国务院政府工作报告》中提出要"引导部分本科高校向应用型转变"。2015 年 10 月 21 日，教育部、国家发展改革委、财政部发布《关于引导部分地方普通本科高校向应用型转变的指导意见》。高校改革转型应当结合中国国情和社会主义现代化建设需要，特别是要紧紧围绕国家重大发展战略，找准发展的着力点、突破口。

城市型、应用型大学不是一种独立的大学类型，而是对应用型大学内涵的丰富、深化和拓展。在城市型、应用型大学概念里，城市型和应用型不是简单叠加和并列的关系，而是一种偏正关系：城市型是用来修饰和限定应用型的，目的是进一步凸显应用型大学的地方性和服务面向。[①] 我国城市型、应用型大学与日本"地方发展贡献"大学在办学理念上有异曲同工之处，目的都是要整合地方资源，突出地方办学特色。2013 年，日本借鉴美国多元化办学模式经验颁布《国立大学改革方案》，之后在此方案的基础上又提出在建设"世界一流卓越教育研究"大学和"特色专业领域优秀教育研究"大学之外建设"地方发展贡献"大学。无论是日本的"地方发展贡献"大学还是中国的城市型、应用型大学，它们的提出都打破了大学的同一化发展倾向，加强了大学与地方发展之间的联系，使其为地方服务更加有的放矢。

二、城市型、应用型大学公共艺术专业的办学特色与发展策略

城市型、应用型大学具有明确的城市属性，它的根本办学理念是服务其所在城市的社会经济发展。由于公共艺术专业直接服务于当代城市文化和城市形象的建设工作，因此，在城市型、应用型大学艺术类学科内开设公共艺术专业是艺术学科适应社会需要发展的必然结果。截至 2014 年 7 月 9 日，在全国 2246 所普通高校中，艺术类或者设有艺术类专业的院校共计 638 所，其

---

① 韩宪洲 . 推进城市型、应用型大学建设的路径思考 [J]. 前线，2016（10）：77.

中 102 所院校设有公共艺术专业，涉及 26 个省、自治区、直辖市；另外，还有 34 所院校专业开设有公共艺术课程，30 所院校曾举办公共艺术相关活动或著有公共艺术相关论文。据不完全统计，与公共艺术相关的中国高校共有 166 所。[①] 由此可见，全国近 1/4 的艺术类或者设有艺术类专业的高校开设了与公共艺术相关的专业和课程，而城市型、应用型大学内的公共艺术专业有其自身发展特点和办学优势，办学目的和服务目标也更加明确。

（一）城市型、应用型大学公共艺术专业的办学特色

融合创新是城市型、应用型大学公共艺术专业最显著的办学特色。公共艺术专业的发展必须紧随时代，融合创新符合新时期国家创新驱动发展战略的要求，其所展示出的魅力也为公共艺术专业提供了无限广阔的发展前景。城市型、应用型大学建设公共艺术专业的融合创新办学特色具体体现在以下三点。

1. 注重不同艺术专业间的融合

城市型、应用型大学的首要服务目标是满足现代城市化建设和市民需求。公共艺术专业本身就是一个多元化的艺术专业，具有广泛性和兼容性的特点。公共艺术专业是在传统艺术类学科基础上进行的创新，能够有效地将雕塑、壁画、环境设计、景观、工艺美术、新媒体艺术、表演、影像等多种不同艺术进行整合，相互协作，突破各艺术学科之间的局限性，拉近艺术与公众之间的距离，成为艺术类学科的新亮点，引领未来艺术教育发展的趋势。

2. 注重不同学科间的跨界融合

城市型、应用型大学多为依托地方城市发展的综合性大学，学科建设的多元化满足了城市设计和公共艺术所需的复合型知识构架，这是其区别于一般综合性大学和专业美术学院的显著优势。公共艺术专业是一门综合实践类学科，跨界的学科相互交融打破了艺术与非艺术的界限，为公共艺术带来了更多的可能性。公共艺术专业将城市型、应用型大学中的自然、科学、人文、

---

① 王中.中国公共艺术教育的现状与发展策略［J］.装饰，2015（11）：14-19.

历史、生态、旅游等多种学科聚合起来，发挥专业集群优势，打好"组合拳"，从整体上对艺术与公共生活的关系加以研究和实践，如上海世博会、北京奥运会等优秀案例，印证了公共艺术与艺术之外其他学科相融合的强大表现力和巨大的发展空间。

3.注重外部社会资源的融合

城市型、应用型大学搭建资源共享平台，在进行学校内部资源整合的同时将社会资源进行整体化、互通化整合。公共艺术专业本着服务城市的办学目标进行"应用性"实践探索。一方面，要加强校内学院之间的广泛交流，学院特色专业之间进行融合创新，如艺术＋旅游、艺术＋历史、艺术＋科技等；院际之间也要共享社会资源，各专业平台跨界相互支撑，加强校企合作共创平台的交流。另一方面，要加强与国内、国际公共艺术专业领域较成熟院校的学术交流与联系，联合社会多方力量办学，形成多元化、互动性的共同发展与进步的格局。

（二）城市型、应用型大学公共艺术专业的发展策略

城市型、应用型大学公共艺术专业服务地方城市的社会经济发展，与城市形成互利共赢的双向合作关系，需做好以下三个方面的工作。

（1）要发挥公共艺术专业服务城市建设的主动性，能够积极主动研究和把握国家文化发展战略和城市及区域的经济、文化、社会发展动向等现实问题，从而形成与之相适应的办学模式。

（2）要与当地的社会资源实现对接，充分挖掘和利用地方资源，主动与地方各部门、各行业建立广泛的合作和联系，形成高校和区域经济社会联动发展的格局。

（3）学科专业建设和人才培养要紧密结合地方特色和区域经济需求，实现实用型艺术人才培养与市场需求的无缝对接，不能盲目发展。

综上，城市型、应用型大学公共艺术专业只有发挥自己的专业特点，与地方的经济和社会发展实际紧密结合，才能找到自己的落脚点。

三、城市型、应用型大学公共艺术专业的实践探索——公共艺术助力"艺术城市"建设

艺术是城市文化的一部分,可以提升城市的软实力和综合竞争力。习近平总书记曾提出要以"创造历史,追求艺术"的精神进行北京城市副中心的规划设计建设。[①] 在艺术化的城市建设时代,公共艺术作为城市文化的载体,可以根据自身的专业特点,结合城市设计框架导入城市品牌的塑造,打造"艺术城市",提升城市的辨识度,为城市的发展创造更多的机遇。"艺术城市"是兼具了艺术的表现力和城市的功能性的有机体。[②] 它的建设要结合城市自身的历史、文化、地域风貌等资源,综合运用多种艺术手段,最终形成一个具有文化内涵与艺术性的个性化风格的城市形象。

城市型、应用型大学的公共艺术专业可以将助力打造"艺术城市"作为自身办学目标,利用所在综合性大学的优势,发挥其专业本身特点,具体主要体现在以下五个方面。

1.公共艺术助力建设城市品牌

城市品牌是城市一笔巨大的无形资产。目前国内许多城市越来越注重城市品牌的打造,在大的城市规划视野下将城市作为一个视觉整体进行设计规划。通过公共艺术专业整合视觉传达、雕塑等专业服务于城市建设,拓展其专业的服务尺度和概念,改变创作的对象与空间,强化其公共性和城市性。通过公共艺术树立"艺术城市"品牌形象,要与城市的环境、人文、历史相结合,找到城市精神原点及灵魂,对城市进行精准定位,从而有效地、成功地塑造城市的品牌核心。例如,美国洛杉矶以举办奥运会为重要契机,制定

---

① 中共中央政治局召开会议 研究部署规划建设北京城市副中心和进一步推动京津冀协同发展有 关 工 作 [EB/OL]. (2016–05–27) [2024–05–06]. https://www.gov.cn/xinwen/2016–05/27/content_5077392.htm.

② 赵捷.艺术城市理论初探 [C] // 中国城市规划学会, 沈阳市人民政府.规划 60 年: 成就与挑战——2016 中国城市规划年会论文集 (08 城市文化).北京: 中国建筑工业出版社, 2016: 10.

专门的公共艺术政策，明确政府、开发商与艺术家各自的任务和职责，大规模开展公共艺术建设。为实现公共艺术的健康发展，艺术家可以直接介入社区开发计划，并取得了显著成效。公共艺术提升了洛杉矶的城市品位，成为其城市文化的一部分，使之成为享誉世界的前卫艺术都市。

2.公共艺术激活城市公共空间环境

城市的公共空间往往是一个城市的文化内涵和品位的外在体现，反映了城市的精神面貌。随着自身作用的加强，以及与景观设计协作关系的强化，曾经主要以视觉形态符号出现于大众视野中的公共艺术，开始越来越多地关注和解决各种社会问题，同时承载了更为重要和复合性的功能。[①]公共艺术还可以激活城市公共空间的生机和活力。公共艺术专业整合景观、环境艺术、产品设计等专业在城市公共空间中设置城市雕塑、城市家具和艺术景观广场，可以显著改善城市公共空间环境的品质，提高市民的城市生活质量，进而达到提升市民文化艺术修养的目的。例如，美国芝加哥千禧公园融建筑、景观、雕塑于一体进行整体规划布局，为中心城区注入文化活力，体现出数字科技、自然地景、亲民互动的当代公共艺术特点，成为芝加哥独具特色的"城市客厅"，进而成为传播城市形象的优秀平台。

3.公共艺术繁荣文化艺术场所

文化艺术场所是城市公共空间的日常性活动场所，小到一些开放式的街心公园，大到美术馆、艺术中心、剧院、雕塑公园等，是保持和塑造城市文脉的重要场所。公共艺术一方面融合表演、音乐等多种艺术形式，有助于提升艺术街区的活力，丰富文化艺术场所的内容；另一方面通过建筑、公共设施等建设，有助于将其打造成健康和谐的人性化公共空间，使市民在轻松愉快的环境里感受到城市的文化精神，唤起人们对城市的情感。例如，台湾台南海安路艺术街和北京798艺术区，艺术为原本陈旧没落的街区注入了新的生命，使之成为特征鲜明的艺术聚集区。

---

① 武定宇，张郢娴.融合与共生：论景观介入公共艺术的发展历程［J］.北京联合大学学报（人文社会科学版），2017（1）：94–100.

4.公共艺术丰富文化艺术活动

城市通过专业性的公共艺术策划和运作举办文化艺术活动，在宣传和建立城市形象、打造城市品牌方面成效显著。公共艺术具有开放性和参与性的特征，鼓励公众参与艺术活动，进行艺术教育，可以造福城市居民，提升公众的审美能力，有助于公众建立多元的生活方式。例如，澳大利亚墨尔本每年2月举办的"白夜节"是一场集大型建筑灯光秀、灯光装置、街头表演等艺术形式于一体的艺术盛会，每年吸引数十万人参加，人们在五彩斑斓、美轮美奂的城市里彻夜狂欢。"白夜节"的成功举办为墨尔本注入了活力，展现了这座城市的性格，也为公众的生活增添了一抹色彩。

5.公共艺术促进文化艺术产业

公共艺术不是以简单地迎合一般意义上的"大众口味"为目标的"城市美化"，它可以帮助城市进行产业转型，直接推动城市旅游和创业产业的兴起。公共艺术不仅可以为城市带来旅游收入、文化创意产业收入等直接与艺术品相关的经济收入，而且可以引导城市实现人文与自然的和谐发展，从而吸引投资，实现城市的可持续发展。例如，美国芝加哥的"乳牛大游行"活动，将由艺术家自由创作的彩绘乳牛雕塑放置在公共场所，至少吸引了百万观众的参与，衍生出书籍、海报、纪念杯、纪念衫等诸多商品，尤其是活动带动的旅游和就业服务收入产生了巨额经济效益。由此可以看出，公共艺术有助于城市建立艺术教育、艺术商业、艺术工厂等配套机构，进而形成独立完整的艺术产业链，形成可持续发展的艺术生态环境。

综上，"艺术城市"是服务城市建设的一种方式，而不是一个标签。公共艺术是连接城市和旅游产业的纽带。在政府方向性的艺术扶持政策的宏观调控下，通过公共艺术打造城市艺术品牌，构筑城市特色性的人文景观，从而形成良好的城市文化艺术生活环境，是提升城市旅游核心竞争力的关键所在。城市型、应用型大学公共艺术专业可以为文化艺术产业培养专门应用型专业人才，并提供必要的科研支持和保障，为城市建设探索出一条可持续健康发展的道路，最终的目标是实现经济文化的共赢。

四、结语

在我国城市设计理念严重滞后于城市化发展进程的今天，通过公共艺术介入城市建设，必然会为城市的建设带来更加多元化、立体化和个性化的发展视野。城市型、应用型大学开设公共艺术专业是顺应时代发展的需要，凭借其融合创新的特点和优势，在助力城市建设上任重而道远。目前，城市型、应用型大学公共艺术专业尚处在起步阶段，还存在不少的问题尚未解决，在办学上需要进行不断的研究和创新。公共艺术专业也只有在积极参与服务城市建设的实践过程中，形成"学、研、产"一体化互动发展式的教育体系，将公共艺术的理论研究和成果运用到城市建设中，才能查漏补缺，找准今后发展的方向和道路，形成自己的办学特色和发展优势。

中国台湾公共艺术的发展与现状*

公共艺术政策在欧美行之有年，法国于 1951 年、美国于 1963 年、英国于 1988 年提出并制定了公共艺术相关的条例。中国台湾从 1998 年由"行政院"文化建设委员会（以下简称"文建会"）依 1992 年由"立法院"审议通过的"文化艺术奖助条例"第九条第五项之规定，制定了"公共艺术设置办法"，其中明文规定所有公共工程需拨出 1% 的经费于公共艺术的设置，该办法至今已有 10 余年。

这期间，政策法规经过了多次修改与完善，这是台湾政府机关、公共艺术专业人士、民众共同努力的结果，也是对公共艺术的认知升华的集中体现。政府机关的推行和民间艺术团体的大力配合，以及艺术家的热情参与，使公共艺术发展日趋成熟，在各界的努力下，创造出许许多多成功的公共艺术案例。在这些成功的公共艺术范例中，我们不难发现创作者的艺术表现逐渐多元化、民众参与和活动的形式也在不断改变，还有新材质不断地被发掘，与此同时，以艺术的手法介入空间，适切地结合建筑空间与景观规划，将艺术深刻植入大众生活，能够为城市生活带来更丰富的空间美感。

一、中国台湾公共艺术的起源

中国台湾在政治解严之前，蒋介石和一些名人的符号散落在生活空间的

---

* 本文原载于《雕塑》2011 年第 6 期和 2012 年第 1 期，收入本书时略有删改。

每一个角落，在人们眼中这种属于"国家"而非"市民"的艺术。

20世纪80年代中期，也就是戒严令^①解除前后，尘封的心灵获得救赎，主权在民的自由意识开始抬头，一波波政治民主化的潮流蜂拥而至，带动公民意识的解放及公共意识的提升。

起初，中国台湾的公共艺术是由《雄狮》美术杂志率先提倡的，1986年李贤文应邀赴美考察，返台后即在《雄狮》介绍百分比艺术之益处。之后台湾的政治民主和经济都达到了一定的阶段，于是关心环境与艺术爱好者开始推动公共艺术的立法。1992年"文化艺术奖助条例"制定后，台湾进入公共艺术的发展时期。公共艺术的起步，在台湾的政治和经济的发展过程中意味着威权政治逐渐走向市民社会的契机。对公共空间的建设不再是过去经营一个"临时性"的政治反攻基地，也不再只是后来在交通、环境领域基本设施上的投资，而是落实在本土的文化上，经营居民对当地历史经验的认同与反省。从而，政府肩负起赞助、鼓励、推广和提升区域文化艺术水平的责任，而公共艺术法案的完善实现有助于这一目标的落实，这就是中国台湾会跟随法国、美国等国家将公共建筑物建造费用的1%作为公共艺术经费的主要原因之一。

二、法案与公共艺术的并行

不言而喻，中国台湾公共艺术的立法对其发展起着决定性的作用，由"立法院"审议通过1992年7月1日公布的"文化艺术奖助条例"是台湾公共艺术的"母法"，"母法"颁布以后文建会于1993年制定了"文化艺术奖助条例执行细则"对其具体内容进行了补充；随后，为进一步完善具体实施方

---

① 戒严令的颁布是影响台湾社会发展的重要历史事件。其正式名称为《台湾省警备总司令部布告戒字第壹号》，是一个于民国38年（1949年）5月19日由中华民国台湾省政府主席兼台湾省警备总司令陈诚颁布的戒严令，内容为宣告自同年5月20日零时起在台湾省全境（当时包含台湾本岛、澎湖群岛及其他附属岛屿）实施戒严，至民国76年（1987年）7月15日由蒋经国宣布解严为止，共持续了38年56天之久。在台湾历史上，此戒严令实行的时期又被称为"戒严时代"或"戒严时期"。

法，文建会于 1998 年 1 月 26 日颁布了"公共艺术设置办法"，至此一个较为完整的公共艺术法案形成。

随着人们对公共艺术的认知不断提升，再加上关系到"政府采购法"等一些相关法案的相互衔接等问题，"文化艺术奖助条例"于 2002 年 6 月 12 日进行了一次修订，并一直沿用至今。由于"母法"的修订，与之相适应的"公共艺术设置办法"也于 2002 年、2003 年两次对相应条文进行修订与完善；随后由于"文化艺术奖助条例执行细则"于 2005 年进行了相应调整，为了使设置办法在执行上更加合理且便于实施，"公共艺术设置办法"在 2008 年进行了修订并沿用至今（见图 1）。

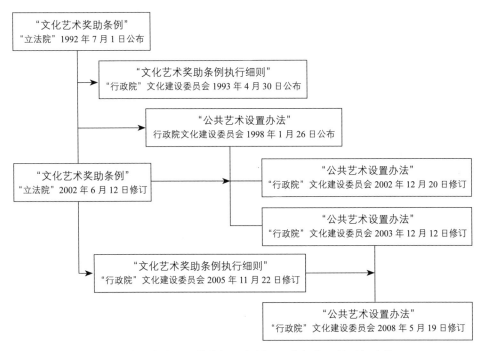

图 1　中国台湾公共艺术相关条例的颁布与修正的时间脉络

研究中国台湾公共艺术法令后不难发现，在每个关键的时间节点上，相关法案必定会进行相应的修订，这是为了与日益变化的社会环境、民众意识和社会认知等相适应，法案的修订是将问题集中解决的方式，也可以说法令的调整是台湾公共艺术发展的见证。

1. "文化艺术奖助条例"的修订

"文化艺术奖助条例"①从1992年的颁布到10年后的改进，短短数百字的调整，却记录了人们对于公共艺术认知的改变。

（1）随着人们对"公共艺术"的认知，将原条文中的"艺术品"修订为"公共艺术"。

从"艺术品"到"公共艺术"，为何会有如此变化？台湾在公共艺术发展的过程中，无论是官方、参与公共艺术创作的艺术家还是参加过公共艺术创作过程的民众，慢慢地都会发现，原来公共艺术不再只是一件艺术品，它虽然是艺术家美感经验的创造，但是透过创造与呈现的过程，艺术品所在之空间与所存在的人，确实影响了艺术品的形成，甚至有些公共艺术已经被转换成了节庆式的嘉年华会，如此一来就更不可能只是单一的"艺术品"了。②

（2）规定政府重大公共工程的公共艺术设置不受建筑物造价1%的限制。

政府重大公共工程的经费往往十分庞大，比照公有建筑物1%的规定，公共艺术经费十分吓人，甚至有资源浪费的可能。由于原条文中没有明确规定，许多机构不敢低于1%运作。因此，这次调整明确规定政府重大公共工程设置公共艺术不受工程造价的1%限制，从而避免造成单一工程公共艺术的泛滥问题，设置范围更加人性化。

（3）明确规定"公共艺术设置办法"由文建会会同工程会（采购主管机

---

① 1992年公布的"文化艺术奖助条例"第九条规定：公有建筑物所有人，应设置艺术品，美化建筑物与环境，且其价值不得少于建筑物造价1%。供公众使用之建筑物所有人、管理人或使用人，如于其建筑物设置艺术品，美化建筑物与环境，且其价值高于建筑物造价1%者，政府应奖励之。政府重大公共工程，应设置艺术品美化环境。2002年6月12日总统令修订发布第九条条文：公有建筑物应设置公共艺术，美化建筑物及环境，且其价值不得少于该建筑物造价1%。政府重大公共工程应设置公共艺术，美化环境。但其价值，不受前项规定之限制。供公众使用之建筑物所有人、管理人或使用人，如于其建筑物设置公共艺术，美化建筑物及环境，且其价值高于该建筑物造价1%者，应予奖励；其办法，由主管机关定之。前三项规定所称公共艺术，系指平面或立体之艺术品及利用各种技法、媒材制作之艺术创作。第一项及第二项公共艺术设置办法，由主管机关会商行政院公共工程委员会及中央主管建筑机关定之。

② 沈慈珍."在地性"於公共艺术创作发展之探讨：以新竹县史料馆公共艺术创作为例［D］.桃园：中原大学，2008.

关）及内政部（建筑主管机构）共同订立。

台湾 1998 年实施的"政府采购法"和 1999 年实施的"行政程序法"直接挑战了"公共艺术设置办法"中公共艺术的征选方式的规定，"公共艺术设置办法"的合法性受到质疑。

自 1998 年"公共艺术设置办法"实施以来，台北市政府因为由建筑主管单位管控，所以成效较好。日前许多专家学者要求在公共艺术设置过程中要与建筑单位配合，与建筑主管机构共同确立可以有效解决上述问题，因而法案也做了相应的调整。

2. "公共艺术设置办法"的修订

随着"母法"的调整，"公共艺术设置办法"也进行了一些丰富和改进，从 1998 年颁布到 2008 年，同样历时 10 年。纵观"公共艺术设置办法"的修订，简而言之就是把定义范围扩大，使操作过程简化、灵活，相关操作更加明确。

（1）中国台湾的公共艺术发展至今操作概念已转化为"计划"形态。

将"公共艺术设置办法"原条文中"公共艺术设置"用语，修订为"公共艺术设置计划"，从而进一步落实"民众参与""环境融合"与"公共性"等原则，"计划"的修订给台湾的公共艺术带来了更大的空间和可能。

（2）鼓励工程艺术化，新增公有建筑物或政府重大公共工程主体符合公共艺术精神者，审议通过后视为公共艺术。

其实不论公共艺术的关系是从小的基地关系到建筑物本身、公共空间、领域或者是关于一座都市的实务，何谓公共艺术，已经不单单是"公共性"与"艺术性"的关系问题，而是扩展到了整个生活空间。公共艺术的话题，是将艺术加以机能化，让艺术扩展到生活空间，形成生活美学——从家到小区，从小区到都市，从都市到整个国家。现在的建筑本身就可以按照一件大型的公共艺术作品报批，从而使得建筑兼具视觉艺术性与多方面的机能性。

（3）将公共艺术设置计划的经费统筹管理，使经费的使用更加合理、灵活。

在法定条文修订之前，由于法令的限制，不少中小学校戴着重重法令执

行与审议的枷锁。如今，他们也可以用最具原创性的做法带领民众与师生一同认识公共艺术活动，让公共艺术意识成为一颗颗艺术的种子撒播在人们心中。相信假以时日，必定会开花结果。同时，依照法案一些公有建筑物与政府不适宜办理公共艺术设置的基地，可将经费整合统筹寻求合适的基地进行实施。这样的修订可以解决公共艺术固定区域过多、与环境不适宜、形式单调与工艺粗糙等问题，这也是当前台湾公共艺术发展中的问题所在。

运用"1%"来改变"99%"的公共空间是一种期待！合理地运用"1%"，必定不能局限在某一固定的方式、固定的建筑物和基地上来讨论这个"1%"，必须从大局出发，从大范围下的"99%"来好好规划与思考。如今大众对公共艺术的了解还是不够，但公共艺术的提高与公众美学的认知有着决定性的关系。因此公共艺术精神的传播工作也是这"1%"必不可少的工作之一。法案的调整给予了这种期望新的可能。

（4）公共艺术设置计划经费的组成更加明确，保障了艺术家的权利。

公共艺术设置计划经费项目组成明确地区分了工程统包项目经费与公共艺术经费部分，为保障艺术家基本的创作费，公共艺术创作经费中至少15%为艺术家的创作费，兴办机关不得任意调降或删减此项费用。艺术家创作经费因此有法可依，公共艺术设置计划经费的组成更加合理与正常化。

（5）公共艺术作品的维护与管理更加严格有效。

公共艺术作品的管理与维护作为一项工作逐年编排办理，同时限定了公共艺术设置的最低年限——5年之内不得移动或拆除，并需制定相关的维护与保养计划。针对一些特殊情况和公共艺术维修经费超过设置经费1/3者，在报所属审议会通过后可考虑移除，使得今后的公共艺术作品更有保障。

法令只能做最低的道德标准限制，社会的进步与文化资产的累积并不是靠法令就能达成的，而是更多来自人们对环境的自觉与尊重。因此，公共艺术设置的成败，经费多寡并非关键，一般政府机关对于公共艺术设置办法的尊重、理解，才是关键；然而，对于公共艺术所重视的民主精神与参与观念都尚待加强。

三、个案分析——城市之瘤化为城市之光

> 当艺术进入街道，艺术就在生活的街角，
>
> 亲切、悄悄的和人群接近，
>
> 于是，公民美学平台在此产生。
>
> ——美丽新世界——海安路艺术造街[①]

最近一二十年，台湾城市进程加快，大量的改建计划在各地推动展开，崭新的建筑物虽然为城市带来了焕然一新的景观，但过度的开发和未经周全评估的贸然施工，却经常带来无可弥补的伤害，台南市的海安路改建就是其中一个显著的例子。打开海安路艺术造街的官方网站，点击关于海安路一项你会听到一段打油诗：

> 神龙神龙在海安，五条港区无灾难，神龙神龙护子民，金银财宝百姓欢。为钱忙，为利忙，施公为财龙断肠。民诉求，民哀叫，施公一己为私谋。龙断头，人民忧，治理不明施公俦，龙气商机如流水，一断清水不再流、不再流。

听到这些，不难让我们去猜想海安这个地方到底发生过什么。

昔日的海安路是台南古城著名的商业大街"五条港区"，整个区块由五条东西向的道路所串联，其中布满台湾传统的红瓦房、市集、店铺、庙宇、民宅等建筑，是南部地区商贾云集、贸易繁荣之处；然而，为了地下街的开挖和平面道路的拓宽，1993年市政府决定进行海安路的改造工程，自拆除大队开始进入，推土机和挖掘机粗暴地破坏了旧有的景观，一时之间，人们记忆中的街景全部消失殆尽，留下的只是破碎不堪的断垣残壁、裸露纠结的锈蚀

---

① 倪再沁.艺术反转：公民美学与公共艺术［M］.台北：文建会出版社，2005.

钢筋、被硬生生切断的房屋……难以想象这宛如废墟的颓败景象，过去曾拥有耀眼的往日风华（见图2）。

图 2　艺术计划实施前海安路两侧的情况照片

海安路地下街的开挖工程总长 816 米、宽 50 米，一共深入地下三层，是耗资 24 亿的庞大工程，却因为计划的瑕疵和疏忽，施工期间不仅导致沿路住户房屋毁损、传统产业没落，不完善的配套设施也使该地交通陷入黑暗期，进而导致街区发展停滞及民怨四起，带来的只是民众和地方政府间的不信任和冲突，最后住户纷纷离开这个伤心地，留下来的住户成为都市贸然发展下的弃婴，面临着 10 余年来无限期的停工、路面渗水、塌方……海安路是错误政策下的牺牲品，是都市的毒瘤。

历经了市政单位多年的"冷处理"后，海安路终于在 2004 年出现了一线生机——时任台南市市长的许添财决心再投入 5000 多万的经费使路面先行通车，并且复苏中正商圈附近的商业活动，随后，民族和民生区段也出现了令人耳目一新的艺术造街计划。

"美丽新世界——海安路艺术造街"是由"台南市 21 世纪都市发展协会"策划执行，台南市政府都市发展局兴办，民间发起的社区活化运动，这个想法的出现和实行来自策展人杜昭贤。身为台南本地人的她从当地人的角度出发，对海安路的再造提出了以艺术介入的可能性，这样的想法，与她早年在台南地区从事艺术推广的背景有关。她认为："台南市的重新规划，到民国一百年（2011年）都开发不完。要不是以这种方式活化海安路，这边恐怕会永远没落下去。"

然而，艺术的介入对一个已经沉寂多年的荒城而言，并不如想象中的顺利，过程中需面对的除了场域特征、艺术形式、作品内容等形而上的思考外，其他诸如如何消除居民的疑虑、场地的使用、与业主的协调等实际操作问题，也都亟待解决。因此，杜昭贤规划了一系列的民众参与论坛，以"感情交流"的方式来取得民众的信任，长期累积的怨恨和不满，需要无数次的沟通，在一次又一次倾听和诉说的过程中，居民的情绪得以缓缓抒发，而艺术也借此柔性的方式，逐渐将破碎的人心找回，重新凝聚成一股强大的向心力。

杜昭贤所主持的"艺术造街"计划分为两个阶段进行，在第一个阶段"美丽新世界——艺术介入"中，"艺术介入"是关键，因为当艺术造街成为当地的焦点话题时，自然会吸引民众的好奇，并在其了解和参与的过程中，感受到美感的价值和伴随而生的环境改变，进而对"艺术造街"计划表示支持、认同；该计划执行之初由策划单位设立驻地工作站，与作品设置地点的所有权人沟通取得使用同意之后，再邀请艺术家进驻，由清理环境开始，并且规划一系列的社区论坛活动，通过和民众的直接对话，强调与当地互动的创作。

策展人共邀集了8位艺术家，执行了一系列的计划，包含陈浚豪的《义云盖天》、李明则的《生活写意》、郭英声的《烙印》、卢建铭的《夏了》、林鸿文的《自然的来去》、方惠光的《YOUNG》等，其中较为特别的有卢明德位于五条港的《生态物语》，他将各种动物、鸟类和昆虫的图像转印在原本破败的墙上，颇有一种超现实的荒谬意味；建筑师刘国沧（打开联合工作室）的《墙的记性》（见图3），采用一点透视的建筑观念，将老墙漆成蓝色

图3 《墙的记性》空间艺术改造前与改造后的对比

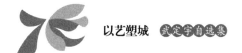

并以蓝晒图的形式，在二楼民宅墙面上用白线条试图勾绘出之前的窗户、梁柱等空间感线图，并在想象透视的空间里装饰以半浮雕似的居家摆设、皮箱、切半的桌椅等，试图以时间的静止一刻穿梭时空，进入过去的空间记忆。让老墙仍然保留遗失的记忆，也让现代人有机会了解破败的曾经与逝去的光景。

这件作品以切入残留空间的形式活化了这原已没有生命的空间。路过的人或车在蓝色的山墙前缓缓前行，甚至下车趋前一探所以，街坊民众好奇询问，新婚的夫妇也会来此留影纪念……受关注的程度俨然已让这蓝色的墙屋成了街区的新地标。

第二个阶段是"启动公民美学——艺术造街"。当时适逢政府倡导公民美学运动，加上先前计划的良好成效，第二个阶段在执行时除获得台南市政府的大力支持外，还得到了文建会的鼓励与肯定，这个因错误都市计划而牺牲的荒废街区，在"公民美学"旗帜的号召下，得以风风光光地开展并获得社会各界热烈的响应。

这个阶段所设置的作品有建筑繁殖场的《神龙回来了》、吴玛悧的《公民论坛》、颜振发的《请你跟我这样做》（见图4）、吴东龙的《Peach》、李宜全的《怪花森林》和陈俊明等五人的《窥·审佛头》等，这些作品将原本海安路的断井残垣，打造成府城的新景点。制作过程中往往衍生出和居民互动的小故事，其中较特别的是陈顺筑的《市民集摄影创作墙》，在作品实施前开展

图4 作品《请你跟我这样做》和店铺老板娘

了"发现海安路：摄影比赛暨摄影装置"计划，艺术家邀请市民以摄影的方式记录自己认为美好的事物，最后选出 800 多件作品，以集体装置的形式呈现于街墙，原先的铁皮屋不再，变成了驻足围观的图片墙。市民的不同观点与镜头焦点展现在相框里的刹那世界，细心阅览，可以发现许多市井小民的平淡生活的情景成为艺术的内容主角，凸显当下的生活美感来自平凡，当下的生活美学也存在于日常生活中的你、我、他（她）之间，以及生活中常被忽略的角落。

今日的海安路，在策展人、艺术家和居民的联手努力下，早已抹除过去的荒芜景象，成为台湾艺术造街计划中最具规模和最富公民美学意义的典范，除了获得媒体的大篇幅报道外，还经常举办大小艺术活动，颇受当地民众的欢迎。周末假期，经常可见民众阖家大小来到海安路闲逛，甚至还有许多即将结婚的新人前来取景拍婚纱照。入夜之后，海安路特别设计的灯光效果，将整条街道装点得温馨又浪漫，成为许多情侣约会散步的理想场所（见图5、图6）。

海安路奇迹，象征的不仅是公民美学时代的来临，更触及诸如闲置空间再利用、都市废墟化、市民文化的建构等议题，无论就深度还是广度来说，都富有相当可观的能量和研究空间。"徒步街道成为生活美术馆""形构独特夜间艺术大街意象""公民论坛强调民众的参与互动"以及"活化街区，艺术活力带来新商机"，这些概念的提出，正如杜昭贤所说的："用艺术来做社区总

图 5 《海安亮起來》原来墙面　　　图 6 林建荣《海安亮起來》/ 陈伯义拍摄

体营造，先由专业示范，再让社区持续造街。"艺术家的创作是抛砖引玉，如今，已经有越来越多的居民团体和学校自发加入造街行列，真正将公民美学落实在社区（见图7）。

图 7 陈顺筑，市民集摄影创作墙

"美丽新世界——海安路艺术造街"不仅为旧社区带来了崭新的风貌，其令人惊艳的表现还获得了第三届台新艺术奖评审团队的青睐，使"海安路"荣获评审团特别奖与第一届公共艺术奖最佳策划奖，看来这个将"都市之瘤化为城市之光"的"海安奇迹"，还会在台湾的艺术圈和民间社会继续发酵蔓延，扩散出更大更多的能量和影响。

四、结语

纵观中国台湾的公共艺术发展，从国外学习借鉴，到自行法律的建立与修订，经过 10 余年的精心经营与推广，对中国台湾的公众美学与艺术环境的提升起到了决定性的作用。在当前中国台湾的公共艺术发展现状中，我们可以看到，公共艺术的思维观念在不断地传播，公共艺术的实现形式在积极地拓展，公共艺术对社会的积极作用在逐步体现，这是让我们感到惊喜和感动的。但在肯定和喜悦的背后还存在诸多问题有待解决，如公共艺术的实现形式大多以雕塑、壁画的形式出现，法令中过多的行政事务使得公共艺术的表现空间受到约束，台湾公共艺术人才培养的匮乏等。"一天建不成一个罗马城"，有问题才会有进步，台湾的民众和学者也都意识到了这些问题的存在，并让我们看到了他们的努力与期盼。

对中国台湾公共艺术的研究，不免让笔者想到当前大陆的公共艺术现状，虽然当前台湾的公共艺术谈不上成熟，但大陆与之相比还存在着较大的差距。公共艺术的实现方式难以逃脱"城市雕塑"的范畴，以公民参与、公民受益为核心的公共艺术可以说还处在萌芽阶段，更别提一些亲民艺术形式、公共艺术的思维在社会中的广泛传播了。在笔者看来，目前我国大陆地区公共艺术现状和台湾地区相比存在以下几点明显的缺失：

（1）相关法令与制度上的缺失与滞后。

目前我国大陆地区公共艺术建设大都以各地政府为中心组织建设，缺少相关法令的约束，在国家层面上存在规范管理体系和专业咨询机制的缺失。

（2）公众舆论和公共艺术批评的严重缺失。

公共艺术进入我国大陆地区已有十几年，但至今未能出现百家争鸣的学术气氛。在理论研究方面缺乏深入讨论，所讨论的话题大多还停留在公共艺术的基本观念层面，缺乏具有建设性和争鸣性的议题，缺乏对我国本土的公共艺术建设的研究与探索，缺乏专业的公共艺术评论家。

（3）公共艺术的宣传与推广的缺乏。

目前我国大陆地区公共艺术宣传与推广大多是个人或团体行为，缺乏专门的公共艺术经费用于公共艺术的研究、书籍的出版、公共艺术资料数据库的建立、专业研讨会的开办，同时缺乏对区别于传统"城市雕塑"的公共艺术成功案例的宣传与推广。

（4）整体过程缺乏公民参与，平易近人的公共艺术作品缺失。

目前我国大陆地区公共艺术作品大多因广场、公园建设而产生，标志性的艺术形式占绝大部分，在方案的选评过程中民众的参与也仅有法定公示的短暂空间，严肃的主题、教育民众的目的较为明显，缺乏平易近人的具有亲民互动、本土气息的艺术作品。

（5）缺乏对公共艺术作品延展性的开发，思想观念、创作形式陈旧。

目前艺术的发展已到了"为民生而艺术"的阶段，而我国大陆地区公共艺术建设大多成为地方政府招商引资、开发旅游、拉动经济、树立政绩的一种手段。我们应当从"美化城市环境"的认知阶段上升到提升公众文化和美学素养的层面，进一步注重作品与本土的故事性创作，以及作品完成后的文化精神空间延展。

从整体上看，在这些缺失中，我国大陆地区当前最迫切需要解决的是在公共艺术法令上的缺失，虽然国内也有一些地方进行了区域性的尝试，如台州，但是这种力度对于全国公共艺术发展来说是远远不够的。国家缺乏一个整体上对公共艺术在政策和法令上的支持，从台湾公共艺术的发展中我们可以清楚地感受到法令与政策制度所起到的现实作用。具体来说，将公共艺术融入政策法令，发展公共艺术的益处包括：

（1）公共艺术能够营造独特的场所感，强化公共场所的社区归属感，展现地区文化特色，重塑市民荣誉感。

（2）在公共空间的设计和发展中鼓励创新和实验，向人们展示迷人的、新颖的、实验性的艺术作品。

（3）在构筑公共空间时，为艺术家、社区和建筑专业等人士协作提供机会，公众更容易接触到各种不同领域的艺术家作品，从而扩大观众群。

（4）公共艺术可被用作城市重建的一个元素，通过公共艺术的实现令公共空间更适合民众的需求，从而减少其恶意破坏行为并强化安全感。

（5）公共艺术有助于增强人们在文化环境和自然环境中对于文化、历史和审美意义的理解。

（6）当地艺术家、设计师和文化产业的专业人士能够从中得到锻炼，提高专业技能和水准，从而有助于形成一个更具竞争力的艺术家队伍和文化产业。

（7）公共艺术政策有助于提高从业人员的技能，提升总体教育水准，鼓励业界及政府采取创新和灵活的举措，加强市场定位。

总之，我国大陆地区公共艺术尚处于发展阶段，地大物博、快速发展的中国给予了我们这些公共艺术学子巨大的发展空间。仔细思考，中国公共艺术的全面展开绝不是一个短暂的过程，也不是一个新旧话题的问题，而是一个需要无数愿意默默为之付出的艺术家共同努力的梦想，需要政府与民众的理解与支持，需要有一套适合国情的转型方法……期盼中国的公共艺术法令早日正身，期盼"假公共，真艺术"的形式逐渐消失，期盼更多亲民的艺术作品早日出现……

公共艺术，不是公共美术，也不是公共雕塑。心有多大，世界就有多大，唯有打开公共艺术的视野，公共空间的能量才能得以扩张，公共空间的品质才能不断提升。

参考文献：

① 倪再沁.台湾公共艺术的探索［M］.台北：艺术家出版社，1997.

② 陈惠婷.公共艺术在台湾［M］.台北：艺术家出版社，1994.

以艺塑城 武定宇自选集

③ 倪再沁.艺术反转：公民美学与公共艺术［M］.台北：文建会出版社，2005.

④ 台北市政府文化局，李清志.解放公共艺术：破与立之间［M］.台北：台北市文化局，2004.

⑤ 黄承令.感人的纪念性公共艺术［M］.台北：艺术家出版社，2005.

⑥ 翁剑青.中国当代公共艺术问题探析［J］.公共艺术，2010（1）：50-54.

⑦ 南条史生.艺术与城市：独立策展人十五年的轨迹［M］.潘广宜，蔡青雯，译.台北：田园城市，2004.

⑧ 汪晖，陈燕谷.文化与公共性［M］.北京：生活·读书·新知三联书店，1998.

⑨ 王旭.美国城市化的历史解读［M］.湖南：岳麓书社，2003.

⑩ 王中.公共艺术概论［M］.2版.北京：北京大学出版社，2014.

⑪ 翁剑青.城市公共艺术［M］.南京：东南大学出版社，2004.

⑫ 黄才郎.公共艺术与社会的互动［M］.台北：艺术家出版社，1994.

⑬ 孙振华，鲁虹.公共艺术在中国［M］.香港：香港心源美术出版社，2004.

雕塑与城市雕塑研究

新时代中国城市雕塑的传承与发展研究[*]

城市雕塑作为一种具有中国特色的典型艺术形式，既是一个国家、一个民族的精神文明象征，也是世界通用的国际艺术语言。1982 年，经中央领导批示，在全国范围内建立了较完备的城市雕塑纵向管理机制。新时代以来，中国城市雕塑迎来了新的发展阶段，也承担着新的功能与使命，作为具有人民性、普惠性、公共性、共通性的美术和艺术元素，以更加多样化的形式，进一步融入城乡建设，服务人民美好生活。以往城市雕塑作为城市景观的美化方式，普遍采用圆雕、浮雕的典型形式，20 世纪 90 年代以来，随着"公共艺术"概念的传播，城市雕塑与公共艺术产生了更多联动。新时代中国城市雕塑的创作边界有了更大的突破，在理念和呈现形式上，更加注重公共性，承载的城市服务功能与文化使命也呈现更加多元的态势。新时代的中国城市雕塑在弘扬中国精神、促进文化交流、服务人民高品质生活等方面发挥了积极作用，但也存在一些问题与不足，亟须开展法规建设与系统规划工作，以"生态系统"的高度，建立科学的法律法规和统筹管理机制。

一、新时代中国城市雕塑研究背景与综述

2008 年 10 月 26 日，由全国城市雕塑建设指导委员会、中国艺术研究院、

---

[*] 本文原载于吴为山等著《新时代中国雕塑的传承与发展研究报告》（广西美术出版社 2023 年版），收入本书时略有删改。

中共南昌市委、南昌市人民政府主办的首届全国城市雕塑高层论坛暨全国城市雕塑建设指导委员会新一届艺术委员会全体委员大会在南昌召开。新一任全国城雕委艺委会主任吴为山在会议中提出中国城市雕塑应倡导"中国精神、中国气派、时代风格",为中国城市雕塑发展指明了新方向,提供了新动力。

2014年9月3日,第四届中国长春世界雕塑大会开幕仪式在长春雕塑艺术馆内举办。本届雕塑大会的主题为"雕塑与未来",突出艺术性、时代性和国际性。9月4日,中国城市雕塑家协会①成立大会暨第一次全国雕塑家代表大会在长春隆重举行。这是城市雕塑行业的重大进步。会上提出协会要为人民、为美丽中国的建设,为创造一个美好精神家园作出贡献。特别值得关注的是,中国城市雕塑家协会主席吴为山在成立大会上提出:"中国城市雕塑的发展要在中国精神、中国气派、时代风格的基础上增加国际视野,把中国城市文化事业、雕塑事业做好,在世界范围树立我们的国际形象。"在人类命运共同体的背景下,具有广阔的视野与格局是增强国际文化交流、提高中国文化传播力与影响力的重要方式,更是新时代城市雕塑的使命与担当,是迈向构建中国雕塑叙事与话语体系的重要一步。需要指出的是,国际视野不是熟练掌握外国语言,而是熟悉各国文化以及思维方式的异同,进而达到求同存异、与时俱进、美美与共。

通过搜集和整理相关文献可知,由于年限距离较近,国内较少有专门研究新时代中国城市雕塑的文献,国外也未见相关著述。主要的文献资料有以下两类:一是关于新时代中国城市雕塑的应用研究,较少有对城市雕塑理论进行研究的;二是部分公共艺术研究文献。其中有较多文献从中国公共艺术发展史的视角出发,仅有少量文字涉及新时代中国城市雕塑。该类文献多以历史研究和未来发展的对策性研究为主,偶有涉及相关政策研究。

其一,关于新时代中国城市雕塑的应用研究。该类文献是指主要侧重于对新时代中国城市雕塑具有决策参考价值和实践指导意义的文献,部分内容涉及

---

① 早在2013年3月,吴为山就在巴黎中国文化中心召集王中、杨奇瑞、景育民、殷晓峰等雕塑家,提出建立中国城市雕塑家协会的必要性,并商讨有关事宜。

梳理中国城市雕塑发展史或个别地区城市雕塑发展研究。在这方面比较有参考价值的文献是吴为山在《文艺研究》杂志上发表的《雕塑时代——新中国城市雕塑回顾与展望》一文，其对新中国成立以来的城市雕塑建设进行了梳理，并探究不同时代背景下城市雕塑主题和创作方式的变化。文章将中国城市雕塑分为三个阶段：第一阶段为新中国成立初期至"文革"时期，第二阶段为改革开放后30年，第三阶段为新时代中国城市雕塑的建构与展望。吴为山指出，城市雕塑不仅是对现实生活的反映，更是当下社会的缩影，艺术家们应从民族传统文化的精髓中、从社会变革的实践中寻求创作内容，让城市雕塑成为真正的人民的艺术。

2018年，以吴为山为首席专家的国家社科基金艺术学重大项目"中国百年雕塑研究"（18ZD18）正式立项。该项目的子课题"中国百年城市雕塑研究"依据文化研究视角的史述方式，从社会学、城市学的角度，结合雕塑艺术本体，进行跨学科探讨与符合逻辑关系的阐释。课题在前期梳理中国城市雕塑发展阶段的基础上，深入研究经典作品和里程碑事件，拟找寻中国精神在百年城市雕塑中的彰显与引导、中国城镇化发展与百年城市雕塑创作的关系及意义，以及新时代背景下中国城市雕塑的发展路向问题，形成近现代艺术史观统摄下叩问历史与现状因果关系的史学性专项研究，建立更为立体与完整的中国百年城市雕塑史论构架，最终完成对主课题"中国百年雕塑研究"主体部分的史学建构。由笔者主持的北京市社科基金重点项目"北京城市雕塑精品创作导向和策略研究"（19YTA002）从城市文化与文艺工作者的担当高度切入，对北京城市雕塑的发展阶段、经典案例、详细数据、创作导向与规划建议进行了较为深入的研究，分析了城市雕塑所具有的时代价值与精神力量，以期推介出能代表北京形象、享誉国际的世界级著名城市雕塑作品，以及为未来中国乃至世界城市文化建设提供具有中国特色的"北京方案"。2022年第3期《美术观察》杂志刊载的文章《新时代北京城市雕塑发展路径探析》以北京地区为例，分析了北京城市雕塑的发展阶段与新时代北京城市雕塑出现的问题，并提出了相应的解决办法；天津大学出版社出版的《雕塑与城市精神》一书主要展示天津的城市雕塑精品案例，其间穿插着天津城市

雕塑的建设和发展以及对未来的展望。

硕士论文《新时代家风文化在城市雕塑创作中的应用研究》以新时代背景下家风文化的影响为切入点，探究其对一座城市雕塑创作的影响。作者认为城市雕塑的发展变化离不开人与社会的综合要求，文化属性和时代属性的彰显是城市雕塑发展的重要标志。城市雕塑也是时代价值的艺术表达，家风文化作为中华民族的传统文化，将为城市雕塑注入新的内涵。硕士论文《文化传承视角下北京城市雕塑空间规划与实施策略研究》以文化传承为视角，通过对北京城市雕塑的整体布局进行研究，分析文化对城市雕塑的影响，深入挖掘北京城市雕塑的文化内涵，分析其存在的问题，从而探索其空间规划与实施策略的可能性，并尝试建立一套完整的规划体系。

其二，部分公共艺术研究文献。除了直接以新时代中国城市雕塑为对象的研究著述外，有关新时代中国城市雕塑的研究散见于个别公共艺术研究文献中。该部分文献既有宏观视角也有微观视角，既有发展史研究也有实施策略与发展路径研究，类型较为丰富，有一定的参考价值。其中比较有代表性的文献有海天出版社出版的《中国公共艺术文献汇编》，该文献梳理了中华人民共和国成立以来公共艺术的经典案例、政策法规等大事记及经典个案，展示了中国公共艺术65年的发展历程。此外，《演变与建构——1949年以来的中国公共艺术发展历程研究》《中国视觉空间公共艺术建设的政策研究》《北京城市副中心公共艺术文化政策刍议》《借力生长：中国公共艺术政策的发展与演变》《当代城市公共艺术现状及其设计对策研究》《景观雕塑与改革开放后的中国实践》《新常态下我国城市公共艺术政策相关问题及对策思考》《源流与参照——公共艺术政策初探》等文献也讨论了城市雕塑的发展与实施策略，或较为具体的城市雕塑政策相关问题。总之，越来越多的学者和艺术家正慢慢涉及该领域，并为此次研究提供了一些有益借鉴。

二、新时代中国城市雕塑的方向

随着中国城市建设逐步从基础设施转向存量提升的城市更新阶段，中国城市雕塑在新时代也进入了新的发展阶段。其在社会需求和雕塑创作内在发展的多重因素驱动下，承担着新的功能与使命，并呈现新的发展态势，同时暴露了中国城市雕塑发展在多元、动态的新时代社会进程中的局限性。

（一）城市雕塑在重大历史节点构筑主题性美术创作

中华民族有重视历史、以艺术记录展示历史的优良传统，这一传统在中华文化和民族记忆的形成中发挥着重要作用。在重大历史节点开展主题性美术创作，充分发挥了艺术的文化创造力与强大感染力，在国家民族的文化塑造、精神凝聚和历史文脉延续等方面具有重要价值。城市雕塑的公共属性和艺术语言，天然契合主题性美术创作的需求，是为时代树碑立传的理想途径。中国城市雕塑在中华人民共和国成立后的发展初期，就有主题性创作的传统，以重大历史事件或重要政策、理念为主题，由国家组织人力物力，集体创作，攻坚克难，以高标准的艺术创作承载国家意志，弘扬民族精神。主题性美术创作发挥了社会主义"集中力量办大事"的优势，保障了创作的思想高度和艺术水准，以城市雕塑为历史和时代铸造丰碑，贡献了一大批经典杰作。在改革开放以来的市场化、商业化的浪潮中，主题性美术创作曾有所淡化，但在新时代又得到了应有的重视，通过艺术创造将鲜活的时代精神积淀为城市和国家历久弥新的历史文脉与集体记忆，潜移默化地坚定文化自信，增强家国情怀。

2021 年 6 月，在中国共产党即将迎来百年华诞之时，中国共产党历史展览馆正式竣工，在展览馆西侧广场上庄严地矗立着由中国美术馆、中央美术学院、中国美术学院、清华大学美术学院、鲁迅美术学院等单位参与制作的名为《旗帜》《信仰》《伟业》《攻坚》《追梦》的五组主题性大型雕塑（见图 1 至图 5）。这五组雕塑是"建党 100 周年主题雕塑创作工程"的项目成果，而"建党 100 周年主题雕塑创作工程"和"不忘初心继续前进——庆祝中国共产党成立 100 周年大型美术创作工程"，是新时代主题性雕塑创作上规格最高、规模最大、参与创作人员最多的艺术工程，是新时代城市雕塑创作的创举。这个工程是以文艺精品庆祝中国共产党成立 100 周年的重大举措和献礼工程。

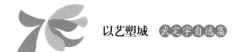

图1　以吴为山为主创的中国美术馆团队,《旗帜》, 高810cm, 2021年, 北京

图2　以吕品昌为主创的中央美术学院团队,《信仰》, 高800cm, 2021年, 北京

图 3 以曾成钢为主创的清华大学美术学院团队,《伟业》,高 800cm,2021 年,北京

图 4 以杨奇瑞为主创的中国美术学院团队,《攻坚》,高 800cm,2021 年,北京

图5　以李象群为主创的鲁迅美术学院团队,《追梦》,高800cm,2021年,北京

同时,中国共产党历史展览馆广场上的五组雕塑作为主题性雕塑创作是继人民英雄纪念碑浮雕、毛主席纪念堂雕塑建造之后又一次举全国之力组织创作的典型艺术工程(见图6)。在创作过程中,美术工作者不仅以集体之力实现了对大主题、大场景、大体量雕塑创作的艺术突破,更在继承主题性美术创

图6　毛主席纪念堂群雕创作现场

作传统的同时，留下了新时代的精神印记。

（二）城市雕塑成为国际文化交流的桥梁

艺术是人类共同的语言，城市雕塑作为放置于城市公共空间、长期对公众展示的艺术门类，在传播理念、文化交流中具有极大的价值，因而城市雕塑很早就被视为国际友好往来的桥梁，常常被作为高规格的"国礼"，承担着对外文化交流任务。例如，1997 年，程允贤经领导批准，应邀为当时尚未与我国建交的南太平洋岛国汤加王国国王塑造雕像。他积极向对方宣传我国的外交政策，并与汤加国王和公主建立了诚挚的友谊。雕像最终以中国国际友联的名义赠送给汤加，此事也促进了中汤两国的建交。1986 年为中日友好创作并赠送给日方的《和平少女》（见图 7）也是中国城市雕塑的经典佳作。

新时代，中国特色大国外交全面推进，构建人类命运共同体成为引领时代潮流和人类前进方向的鲜明旗帜，城市雕塑也担负起了新的历史使命。在友好国家交往方面，2018 年 5 月 5 日马克思诞辰 200 周年之际，由中国政府赠送、著名雕塑家吴为山应邀创作的马克思青铜塑像（见图 8）在马克思的故乡——德国特里尔的西蒙广场揭幕。吴为山刻画了前进中的马克思，也刻画出了中国人民对马克思主义与中国革命实践相结合所取得的举世瞩目成就的自信。马克思雕塑被称为新坐标、新起点、新高度，成为中德友谊的桥梁，也成为中国在国际社会宣传新时代中国特色社会主义道路的重要载体。特里尔市市长莱布表示："经由吴为山教授的艺术创作，卡尔·马克思变得栩栩如生，他的思想理念得以在 21 世纪以视觉化的方式呈现出来。"为马克思塑像并立于他的家乡，还具有特别的意义：其一，出自中国艺术家之手的马克思像不仅表现了中国人民对马克思的敬仰，也表现了中国人民对马克思的理解和对其形象的解读，从艺术创作手法上体现了西方写实主义和中国传统写意手法的结合；其二，在特里尔立马克思像不仅表现了德国对马克思历史地位的确认，也体现了德国方面对中国艺术的尊重。

2019 年 5 月 4 日，中国留法勤工俭学百年纪念雕塑《百年丰碑》在法国蒙达尔纪举行落成仪式。雕塑正面以群像方式呈现中国留法勤工俭学代表人

图 7 潘鹤、王克庆、郭其祥、程允贤，《和平少女》，高 325cm，1985 年，北京

图 8　吴为山，《马克思》，总高 550cm，2018 年，德国特里尔

物的形象，背面镌刻有"铭记历史是更好地面向未来"等字样。出席仪式的法方代表在致辞时表示，留法勤工俭学运动深刻改变了中国的发展进程，也让法中两国结下了不解之缘。法方愿同中方共同继承和发扬法中传统友谊，加强各领域务实合作，促进双方人员往来，为两国人民谋求更大福祉，为世界和平发展作出更大贡献。这两件城市雕塑，展示了城市雕塑作为对外文化交流桥梁的重要价值，彰显了中国城市雕塑在增强中华文明传播力影响力，在新时代人类命运共同体的构建中发挥的积极作用。

总之，城市雕塑作为中国文化走向世界的"亮丽名片"，用艺术语言讲好中国故事、传播好中国声音，深化文明互鉴，为推动中华文化更好地走向世界赋能添翼。

（三）城市雕塑提升城市交通空间品质

交通空间是城市公共空间的重要组成部分，包括道路、地铁站、飞机场、公交站、火车站等。新时代的城市建设要秉承以人民为中心的理念，聚焦人民群众的实际需求，合理安排生产、生活空间。旅行易造成身心疲惫和精神紧张，而公共交通空间中的公共艺术在为人们提供方位标识作用和引导功能的同时，还对缓解视觉疲劳、调节心理紧张等起到了积极的作用。[1]交通空间承载大体量的人群流动，也是传播和塑造城市文化形象、打造城市品牌的重要渠道，能够实现物质文明与精神文明的有效联动。早在20世纪后半叶，交通空间就是中国城市雕塑的重要舞台。1979年的北京机场壁画（见图9）和北京地铁1号线、2号线装饰艺术（见图10）都产生了很大的社会影响。新时代，中国城市的交通建设在量和质上都有了更大突破，对空间的文化品质也产生了更高的要求。交通空间中的城市雕塑作品，在形式材料和表达理念方面都有所提升，科技手段的运用尤其值得注意。

北京市规划委组织编制了《北京地铁线网公共艺术规划》，为全国首创。2013年，北京地铁6号线、8号线、9号线、10号线艺术品相继完工亮相，获

---

① 马钦忠.公共艺术基本理论［M］.天津：天津大学出版社，2008：209.

图 9　袁运甫在北京首都国际机场创作的作品《巴山蜀水》全景图

图 10　袁运甫、钱月华,《中国天文史》(上、中、下),6000cm×300cm,
　　　　1984 年,北京地铁 2 号线建国门站

得广泛好评,发挥了引领示范效应。此后,青岛、深圳、长春、济南、呼和浩特等城市相继开展了地铁空间艺术品建设,显著提升了城市交通空间的文化品质。以呼和浩特市地铁 2 号线一期工程车站的《书山有路》(见图 11)为例。这件作品位于内大南校区站,于 2020 年完成。作品以中华优秀传统文化为源泉,提取大青山和中国传统金碧山水为创作元素,以晶格化的线条结构提取大青山的轮廓走势,隐喻着知识的积累凝聚出科技与思想的结晶,地质运动般演化为文明创新的高峰。金色线框与青绿的渲染彰显了"绿水青山就是金山银山"的理念,背景再加上"书山有路勤为径"的立意,使得艺术作品精准地抓住了新时代构建中华民族共同体意识导向下的艺术创作方向。地铁公共艺术串联了城市的功能片区和文化片区,成为城市文化表征的集中显现,是城市地下的文化脉络,也是体现城市文化风貌和展现时代精神的重要载体。

图 11　武定宇等,《书山有路》, 2000cm×340cm, 2020 年, 呼和浩特地铁 2 号线内大南校区站

（四）城市雕塑融入城市公共设施

公共设施又称城市家具，是指公共环境中有特定功能的设施物品。随着新时代中国基础建设水平的提升与人民群众审美需求的扩大，公共设施在追求实用功能的前提下，其艺术性日益受到重视。公共设施广泛设置于公共空间中，其审美水准对场域氛围和空间文化品质的塑造有直接影响。城市雕塑作为公共空间中具有文化服务属性的特殊艺术品，与公共设施具有天然的契合。新时代"以人民为中心"的理念指引，促使艺术家和公众打破雕塑作为"阳春白雪"的非实用观赏品的传统观念，将城市雕塑与公共设施相融合。新时代的城市治理，倡导以"绣花"式的细心、耐心、巧心，提高精细化水平，城市雕塑融入城市公共设施正是"见缝插针"式的细致投入，润物无声地提升了城市公共空间品质与品牌形象。

例如，北京大兴国际机场的建设，基于"人文机场"的理念，同步开展了机场公共艺术的整体规划。新机场候机楼内，国内迎候厅、国际到达通道、五条指廊、五座中国庭院、贵宾厅、母婴室、儿童空间等各个地点随处可见艺术品。其中有两件作品采取了城市雕塑与公共设施融合的策略。《弈趣》（见图 12）位于北京大兴国际机场二层东南指廊，作品采用不锈钢、瓷砖材质

图 12　武定宇等，《弈趣》，1200cm×560cm×45cm，2019 年，北京大兴国际机场

制作而成，是一组儿童公共艺术化设施。该作品以围棋为主要设计灵感。围棋蕴含着丰富的中国传统文化内涵，是中华文明智慧的结晶，也是具有世界影响力的文化遗产。作品以棋盘格和黑白棋子为造型意象，并赋予其充满现代感、活力缤纷的艺术表达形式，同时赋予其实用功能和互动功能，使棋子转化为可供旅客休憩的座椅，棋子座椅表面采用碰触感应面层材料，在手指碰触时会浮现文字语句，达成典雅而趣味的互动，将公共空间艺术品与功能设施合二为一，在满足基础设施需求的同时，传播文明、滋养心灵，带来充满诗意的美学享受。

北京大兴国际机场于 2019 年 9 月 25 日投入运营，被英国《卫报》称为世界新七大奇迹之首，其不仅是一个大型枢纽机场，而且成为中国的"新国门"。城市雕塑与公共设施的融合介入，在潜移默化中提升了机场的人文内涵和空间品质，切实有效地注入了"人文机场"理念（见图 13、图 14），取得了良好的社会效益。

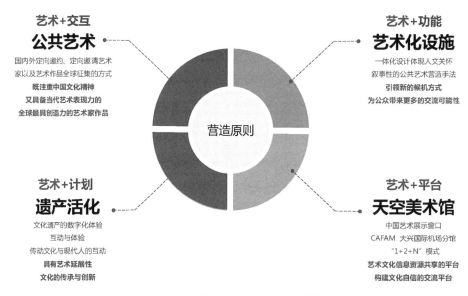

艺术+交互
公共艺术
国内外定向邀约、定向邀请艺术
家以及艺术作品全球征集的方式
既注重中国文化精神
又具备当代艺术表现力的
全球最具创造力的艺术家作品

艺术+功能
艺术化设施
一体化设计体现人文关怀
叙事性的公共艺术营造手法
引领新的候机方式
为公众带来更多的交流可能性

营造原则

艺术+计划
遗产活化
文化遗产的数字化体验
互动与体验
传动文化与现代人的互动
具有艺术延展性
文化的传承与创新

艺术+平台
天空美术馆
中国艺术展示窗口
CAFAM 大兴国际机场分馆
"1+2+N" 模式
艺术文化信息资源共享的平台
构建文化自信的交流平台

图 13　北京大兴国际机场"人文机场"的策划与设计理念

图 14　北京大兴国际机场全景效果图

（五）城市雕塑走向法规建设与系统规划

文化是城市的灵魂，城市是文化的容器。艺术彰显着城市居民的审美倾
向、行为模式、精神面貌与文明水准，看到艺术，就能知道这座城市在文
化上的追求。目前中国城市发展正在进入从规模扩张到品质提升的新阶段，

习近平总书记强调把更多美术元素、艺术元素应用到城乡规划建设中。在北京城市副中心建设中，习近平总书记强调要坚持"创造历史，追求艺术"的精神。因此，把握历史机遇，建设"千年之城"，实践伟大的文化艺术创造是义不容辞的使命。我们必须充分认识城市文化艺术的重要性和战略意义，让城市文化艺术的内在生长成为城市发展的精神支撑和驱动力。由于城市雕塑具有公共性、直观性、共通性等优势，是展示国家文化的重要载体，也是国家文化战略规划的重要形式。因此，城市雕塑必将在宣传国家民族精神和城市文化中扮演重要角色。

随着中国城乡建设水平的提高和艺术审美水平的提升，以往作为景观点缀模式的城市雕塑已经不能充分满足人民群众日益提高的文化艺术需求。中国以往的城市雕塑建设，大都缺乏宏观的统一规划和系统生态，大致是"见缝插针"式的，在短时期内根据特定场景和需求进行创作。以首都北京为例，自中华人民共和国成立以来，北京在城市雕塑的创作和管理机制等领域起到了先行示范作用，建设了大批城市雕塑，其中不乏精品佳作，但只要我们整体分析其数十年来的创作积累，就会发现北京城市雕塑的建设缺乏科学的统筹规划。从时间线索分析，其往往受官方政策、重大赛事等事件的影响，集中建设一批城市雕塑，呈现一种波浪式的推进模式，没有稳定长期的建设规划。从空间角度分析，因为没有统筹管理，其城市雕塑的主题形式选择往往只考虑到其所在的小环境，而不能与其所在城区的整体发展规划和文化氛围相匹配，雕塑作品之间也缺乏联动，不能形成有机的文化生态。例如，海淀区2002年和2010年因高校校园雕塑的集中建设，迎来了两次城市雕塑发展高峰，但未能持续稳定推进城市雕塑的长期建设。海淀区集中了大量高校和科研机构、科技企业，依据《北京城市总体规划（2016年—2035年）》，海淀区应建设成为具有全球影响力的全国科技创新中心核心区，但在目前的城市雕塑中，科技主题占比很低，仅占4.57%，严重脱离区域定位。

令人可喜的是，新时代以来，城市雕塑的管理机制与政策问题已经引起了有识之士的重视，吴为山作为全国政协委员，大声疾呼城市雕塑的立法管

理问题。2009—2010年，他在政协第十一届全国委员会提案中，相继撰写了《关于对城市雕塑实施评级分级保护措施的提案》《建议对沿海发达地区开展城市雕塑建设"公共艺术百分比"制度专题调研》《关于加强全国城市雕塑建设科学管理刻不容缓的提案》。2016年，他在政协第十二届全国委员会提案中撰写了《城市雕塑要弘扬中国精神》，并在政协第十二届全国委员会会议发言中宣读了《城市雕塑该立法了》一文。在此文中，他指出近年来城市雕塑在高歌猛进的建设中，暴露出很多乱象，未来应当进行法规和制度上的统筹管理。首先，制定城市雕塑行业全国性的法规和行业标准，健全组织机构，实施"规划先行"。其次，严格评审制度，对于重要或特殊题材和重要场所、节点的雕塑，要建立规划报批、评审机制，建立分级评比制度和淘汰机制。最后，开展相关教育活动，要由各级党委宣传部门、文化部门把关城市雕塑的思想、文化、精神内涵。这些建议的实施推进，必将推动新时代中国城市雕塑实现跨越性发展。北京作为全国首都，在城市雕塑的法规政策建设上具有重要的引领示范作用，正在火热建设的北京城市副中心是理想的政策试点。

2019年6月，由笔者撰写的《关于北京城市副中心先行试点公共艺术文化政策的建议》发表于中共北京市委研究室编的《决策参考》第32期，得到了北京市委主要领导的批示，并交办北京市委宣传部、北京市规划与自然资源委等部门推动实施。

2020年9月29日，中华人民共和国住房和城乡建设部发布《住房和城乡建设部关于加强大型城市雕塑建设管理的通知》（建科〔2020〕79号），对城市雕塑存在的问题进行了批示，如不能出现贪大媚洋、山寨抄袭、低俗媚俗的雕塑，或滥建巨型雕像等"文化地标"现象以及违背城市发展规律、破坏生态环境和历史文化风貌等有问题的城市雕塑项目，确保城市雕塑符合城市文化定位和群众审美追求。同时强调新时代的城市雕塑建设应落实地方主体责任，加强培训、宣传和监督管理，进一步繁荣新时代中国城市雕塑的发展。

三、新时代中国城市雕塑的建构与展望

城市雕塑是精神文明建设的有力抓手，在城乡建设融合发展与城市更新中扮演着重要角色。新时代中国城市雕塑要成为一个具有中国特色的概念，不仅是"城市"空间和"雕塑"艺术的简单叠加，更要将内涵不断丰富延展，使之成为塑造城市文化灵魂的有效途径（见图15）。当下城市雕塑在形式上已经突破了传统边界，开始灵活有机地融入城市交通空间和公共设施，在构筑重大历史节点主题美术创作和承担国际文化交流任务方面，也有了更加广阔的实践空间。因此，新时代的城市雕塑要进行系统化的建设，要坚持从社会全面进步和人的全面发展出发，结合生态文明思想和国家相关政策规划，实现经济、社会、生态、人文等效益融合共赢，助力打造人民幸福生活的宜居城市。

同时，新时代的中国城市雕塑，应当是有深刻的社会主义文化背景和高度人民性、公共性的艺术形式。新时代的中国城市建设，要遵循以人民为中心的发展思想和"人民城市人民建，人民城市为人民"的理念。新的国际形

图15　景育民，《无形之境》，高750cm，2014年，青岛

势下人类命运共同体的构建和新时代的文艺创作指导思想，以及对新型城镇化转型与"文化惠民"的新认识，也在持续推动城市雕塑对中华优秀传统文化和以往创作积累的创造性转化和创新性发展，对城市雕塑提出了与时俱进的新要求。

文艺事业是党和人民的重要事业，新时代为我国文艺繁荣发展提供了前所未有的广阔舞台，正在探索中的中国特色城镇化与城市更新道路，也召唤着城市雕塑的积极参与。我们应心系中华民族伟大复兴的崇高梦想，坚守人民立场，持续开展全民艺术普及活动和特色文旅活动，助力创造宜业、宜居、宜乐、宜游的公共环境，推进文旅产业深度融合，满足人民多样化需求，让艺术与居民生活无缝对接。同时，在构建人类命运共同体的使命召唤下，我们应当用跟上时代的精品力作开拓文艺新境界，从中华优秀传统文化和社会主义建设的伟大现实中汲取创作素材，以最鲜活的艺术传达讲好中国故事，向世界展现新时代可信、可爱、可敬的中国形象。

走向新综合[*]

——关于中国城市雕塑发展的思考

　　随着新时代城乡建设的推进，城市雕塑表现出明显的介入社会的特征，其场域特性已经从原有的物理空间拓展至文化政策、社群身份和建筑、伦理等维度。城市雕塑的快速建设与城市雕塑规范管理的严重滞后之间的矛盾冲突进一步暴露。从整体态势来看，目前我国城市雕塑建设旧有的创作观念与机制已无法满足当下城市空间赋能升级和人民高品质生活的需求，亦未建立起管理与创作的良性"生态链"。另外，中国城市雕塑在本体概念和创作评价方面一直受到西方国家艺术体系、艺术准绳的深刻影响，民族性和本土性话语与叙事体系的构建尚未完善。同时，在建设中往往盲目追求短期效应，缺少合理的建设前期的审查评估机制与建设后期的评价与传播管理体系。在笔者看来，中国城市雕塑的未来发展亟须开展机制建设与系统规划工作，立足"规范"与"传播"两大抓手，构建契合中国城市发展整体人文氛围、遵循城市文化与地域发展特色的可持续发展道路。

一、中国城市雕塑的当代态势

　　伴随着近年来中国各地积极实施城市更新行动以及政策、经济与技术发展的影响，中国城市雕塑在概念延展的同时呈现新的发展态势。

---

* 本文原载于《美术》2023 年第 6 期，收入本书时略有删改。

　　首先，服务于国家纪念需求的城市雕塑主题性创作迎来了新高峰。早在中华人民共和国成立之初，中国城市雕塑就奠定了把握重大历史节点开展主题性美术创作的传统，虽然在改革开放以来的市场化、商业化浪潮中，纪念主题性的城市雕塑创作曾有所淡化，但在近些年又得到了高度重视。例如，2021年为中国共产党百年华诞献礼的中国共产党历史展览馆组雕（见图1），是新时代规格最高、规模最大、参与创作人员最多的国家纪念主题性城市雕塑创作工程，缔造了主题性城市雕塑创作的时代新高峰。

图1　以杨奇瑞为主创的中国美术学院团队，《攻坚》，高800cm，2021年，中国共产党历史展览馆西侧广场

　　其次，作为构建中国话语和中国叙事体系的文艺载体，城市雕塑成为对外文化交流的有效路径。艺术是人类共同的语言，城市雕塑作为公共空间中具有耐久性的"时间媒介"，是中国文化对外传播的优质高效"小切口"。以吴为山的两件作品为例，2018年5月5日，在马克思诞辰200周年之际，由中国政府赠送、中国雕塑家吴为山应邀创作的马克思青铜塑像在德国特里尔的西蒙广场揭幕；2019年5月4日，中国留法勤工俭学百年纪念雕塑《百年丰碑》（见图2）在法国蒙达尔纪落成。这两件城市雕塑的落成都经历了国际针对艺术创作理念与公共空间落位等多方面复杂问题的商榷，在从创作到欣赏接受的全过程中加深了双方的了解，增进了友谊，社会价值远超传统意义上的纪念雕塑，成为搭建中国对外文化交流桥梁的"艺术大使"。

图2 吴为山，《百年丰碑》，高290cm，2019年，法国蒙达尔纪

最后，城市雕塑呈现开放、多元的发展面貌，依托新材料和新技术，融入城市交通空间建设并有效提升其空间品质。北京城市雕塑成规模介入交通空间始于2013年，该年度北京地铁6号线、8号线、9号线、10号线上的艺术作品相继完工亮相，其中包括大量永久陈列的城市雕塑作品。这批作品在

理念和技术上都有较大突破，例如，8号线南锣鼓巷站的《北京·记忆》，运用新媒体技术和网络空间打造了开放的城市记忆文化平台，将民间征集的"老物件"封存在琉璃块中，拼接成老北京生活场景，行人扫描二维码就能观看介绍信息并互动交流。此外，这种转变也体现在城市建设者和管理者

图3　许小艺等，《爱》，高1000cm，2019年，北京大兴国际机场

的思想理念中。2016年，北京大兴国际机场装修收尾阶段，为解决登机指廊端头玻璃幕墙的光照问题，专门邀请国内外艺术家开展具有遮阳功能的作品创作，最后在此放置了《爱》（见图3）、《花语》（见图4）等多组雕塑，这些作品通过悬吊的可调单元体构件有效控制采光天井的进光量，并以庞大的体

图4　马浚诚等，《花语》，直径300cm，2019年，北京大兴国际机场

量和鲜明的视觉符号造成强烈的艺术冲击力，传递包容友爱的理念。将城市雕塑元素巧妙地运用于实用公共设施，既提升了场域的人文内涵和审美品质，也推进了城市雕塑的多元发展。

二、中国城市雕塑的发展瓶颈

尽管中国以往的城市雕塑建设取得了许多辉煌成就，并呈现新的发展态势，但也遭遇了发展瓶颈。整体而言，城市雕塑统筹规划缺乏、法规政策滞后、建设管理缺位、后期维护不足、创作的规范引导与专业学术研究的不足等成为当下城市雕塑发展的堵点和难点。

从规划管理来看，虽然城市雕塑在一定程度上与空间规划和行政管理产生交集，但实践层面大多受官方政策、重大活动等事件的影响而呈现一种波浪式的短期突击建设，没有稳定且长期的统筹规划系统。例如，北京在中华人民共和国成立以来建设了大批城市雕塑，但在空间分配和建设周期上缺少宏观规划，导致朝阳区和海淀区的城市雕塑数量均占全北京的 15% 以上，而北京城市副中心所在的通州区占比不足 2%，区域分布严重不平衡。虽然也一度确立了相关管理制度和规划纲要，但随着管理部门的撤改以及管理权限的缩减，北京城市雕塑的建设管理时常陷入被动，缺乏系统化、有力的规划和组织，不能持续稳定地满足城市发展中市民与日俱增、灵活多样的艺术文化需求，甚至出现了城市雕塑空间尺度、主题内容和艺术风格定位与所在区域规划定位不符的问题。

从政策法规来看，自全国城市雕塑建设指导委员会 1992 年成立以来，各地政府颁布城市雕塑管理办法等地方部门规章近 30 部，但其涵盖范围与执行标准远落后于当前需要。目前，中国城市雕塑相关政策法规多在单一部门开展，未考虑跨部门、跨领域联动的政策法规制定，也未考虑不同历史阶段政策的适用性，甚至对政策实施的评估与修订工作也处于相对停滞状态。例如，在国家层面，原文化部、原建设部 1993 年颁布的《城市雕塑建设管理办法》至今未进行修订工作。同时，在文化和旅游部现行法规公示中也找不到该管

理办法实施与废止的相关内容，全国性管理政策处于相对模糊的状态。在地方层面，北京市人民政府于1988年发布的《北京市城市雕塑建设管理暂行规定》，经过1994年和2007年的两次修订后，一直沿用至今，同样面临立法修订的迫切需要。

从作品建设管理来看，目前还存在一些特定题材作品和大型地标项目缺乏审核把关与监督管理机制，出现建设或拆除过于草率的问题，如近年来屡次引发热议的名人纪念雕塑。城市雕塑是具有"纪念碑性"的构筑物，名人塑像虽然能在短期内给城市带来关注热度，但如果建设过程出现失误，就会造成尴尬局面，草率拆建不仅造成人力、物力、财力的浪费，而且会引发重大负面舆情。2011年，河南宋庆龄基金会建造的一尊高达27米的宋庆龄雕像，一度被称为郑州郑东新区的标志性建筑，但因项目管理混乱，尚未建成即因违规建设遭拆除，媒体报道其造价在1.2亿元左右，引起了舆论质疑。2020年住房和城乡建设部通报的湖北省荆州市一座巨型关公雕像违建事件也引发了广泛关注。

从工程保障和后期维护来看，部分城市雕塑项目建设资金投入不足，导致难以保障艺术表达效果，建成的作品效果不佳，甚至"烂尾"。一些作品在建设中没有严格执行相关工艺技术标准，导致建成后出现开裂、变色等质量问题，不仅影响外观，还可能造成安全隐患。此外，很多经典作品后续维护保养不到位，如全国农业展览馆的《庆丰收组雕》（见图5）和沈阳中山广场的毛主席塑像（见图6），它们都是重要的城市文化遗产，但因制作年代久远和工艺材质问题，已出现较为严重的老化现象，面临垮塌风险。

图5　"十大建筑"之一全国农业展览馆广场全景图及《庆丰收组雕》/田金铎、张秉田提供

图 6　鲁迅美术学院雕塑系,《毛泽东思想胜利万岁》,高 2050cm,1970 年,沈阳

从作品主题内容的创作导向来看，部分城市雕塑存在思想性不强、意识形态把关不严的问题。因缺乏有效创作引导和评判约束，部分作品价值观混乱、艺术水平低下，出现崇洋媚俗、山寨抄袭等乱象。例如，2013年年底，广州贵港"唐人街"商业项目为吸引客流，仿照美国芝加哥兴建巨型玛丽莲·梦露雕像，由于这种"照搬"做法并不符合当地实际需要，因此很快引发了"山寨""不雅"等批评言论，并于次年6月被拆除。类似这种不恰当的主题内容会损害相关部门的公信力和城市雕塑的文化价值。

从专业学术研究来看，中国城市雕塑相关研究既有高峰，也有低谷，当前正处于低谷阶段。新时代以来，仅有少数学者坚持聚焦城市雕塑领域进行学术研究，以城市雕塑为研究对象的文献数量有逐年递减的迹象，这与城市雕塑的快速发展状况并不匹配。此外，研究成果多集中于个案研究和历史综述，具有现实转化价值和社会迫切需求的政策法规、创作导向和传播策略方面的研究十分不足，民族性和本土性话语与叙事体系的建构也有待深入探讨。

三、中国城市雕塑的未来思考

新时代城市雕塑作为最具中国特色的公共艺术形式，其理念在实践中不断延伸拓展，必然朝着更加综合性、系统性的方向发展。海德格尔在其对艺术与空间的论述中曾提道："雕塑乃对诸位置的体现；诸位置开启一个地带并且持留之，把一种自由之境聚集在自身周围……雕塑即有所体现地把位置带入作品中，凭诸位置，雕塑便是一种对人地可能栖居之地带的开启，对围绕着人、关涉着人的物的可能栖留之地带的开启。"[①] 因此，走向新综合的城市雕塑应当与城市更新、城乡融合、城市空间的精细化和生活的高品质发展联动起来。为此，未来城市雕塑发展需要把握"规范"和"传播"两个核心抓手，从具体的政策法规、管理机制、审核评估、宣传策划、舆情处理等方面入手，

---

① 海德格尔.海德格尔文集：从思想的经验而来［M］.孙周兴，杨光，余明锋，译.北京：商务印书馆，2018：209–210.

建立科学的统筹机制，从而最大限度地保障中国城市雕塑健康发展。

针对现有政策法规，应当尽快推进全国范围内自上而下、科学有效的立法后评估工作，取其优长、补足短板，根据当前的现实需要和未来的前瞻性发展需要，进行修订更新。相关管理部门应明确权责与边界，建立切实有效的创作空间规划与内容题材分级管理体系；引入专业人才，构建城市雕塑的舆情管理与传播推广机制，在城市雕塑项目规划建设的同时，对重点作品的社会舆情进行针对性监控与影响评估，做好风险预判与危机预案工作，科学设计传播内容和宣传推介的思路，形成及时有效的反馈系统，实现从创作到传播联动管理的良性循环。

城市雕塑作为城市公共空间中具有"时间媒介"属性的艺术作品，一方面能多维立体地展现并持久传播优质文化，提升城市居民凝聚力，凝聚城市历史、文化和精神，承载城市的历史与未来，打造城市历史文化名片；另一方面能协调、重塑空间布局，激活空间，提高城市公共空间文化品质，增进城市公共空间活力，改善城市居住环境，提升城市整体形象。当下随着材料的拓展、观念的转变以及数字、新媒体等科技手段的介入，雕塑已经从静态向着动态发展，出现了"动态雕塑""互动雕塑""装置雕塑""瞬间雕塑"，甚至是临时性、计划性的雕塑等新形态，其本体理念正在发生转变，并触发了城市雕塑与公共艺术的深度融合（见图7）。这种转变将艺术家个体的创造力导向公共领域的"文化生产"，看似放置在静态城市空间中的雕塑却在社会交往系统中发挥着具有生长性的支点作用，结合公共空间和环境特性的需求与场域性特征，进行适应性和创造性活动，以点带面地串联，重塑城市空间，激发城市活力。

当下中国城市发展正在进行城乡一体化发展和城市更新的重要实践，城市雕塑面临着地方再造等更为复杂的需求，也将在理念与实践层面和公共艺术产生更多交集与融合，走向新的综合发展形态。城市雕塑的发展规划需要转变以依赖艺术家为主体创造力的创作观念和作为公共纪念物与景观装饰的单一形态，以城市雕塑作为支点，营造城市公共文化空间，将其作为美术元素、艺术元素融入城乡规划建设，与城市色彩、城市家具等形成联动，增强

图 7　费俊等，《归鸟集》，1200cm×220cm，2019 年，北京大兴国际机场

城乡审美韵味、文化品位，服务于人民群众的高品质生活需求的实践渠道，完善规划城乡文化空间组织布局，将城乡公共空间转化为具有文化服务属性和生长性的综合空间。相关部门未来可进一步以城市雕塑为抓手，通过公共艺术的多元形式，参与城乡国土空间规划、风貌控制、文旅产业布局、品牌塑造与传播、精神文明建设等多种发展规划，与城乡总体规划构成彼此关联、互为支撑、具有生长性的系统，提升城市的宜居度、美誉度与发展潜力，最终达成"艺术城市生态系统"①的新型综合建构。

---

① 笔者所述"艺术城市生态系统"，即艺术与城市融合发展的一套有机生态系统。它以公共艺术文化政策为抓手，涵盖城市生活中随处可见、可感的视域文化要素，如城市品牌、城市色彩、城市标志等；也包括公共空间场域中的重要视觉文化载体，如建筑景观、公共艺术品、公共家具与设施等；还包括文化活动与产业领域的延展，如公共美育活动、文创产品开发、艺术品版权交易、文艺展览交流和戏剧演艺活动等。艺术城市的建设从艺术政策、城市品牌、艺术空间、文化活动以及产业开发等多个层次全面介入，以一种可持续的城市创新机制，与城市发展形成相互关联、相互制约、相互支撑的有机整体，进而构建起人文城市的艺术生态体系，是对以人为本的"人民城市"重要理念的践行。

北京城市雕塑政策的发展与启示[*]

经典城市雕塑是一个城市、民族、国家，乃至一个时代的标志和象征，也是研究城市文化、城市历史不可或缺的一部分。它的艺术价值、文化价值、社会价值，以及影响力和文化传播力，较之其他视觉艺术有着不可取代的地位。中华人民共和国成立后，党和国家领导人十分重视城市雕塑的建设工作，北京城市雕塑建设工作也同期展开，从中华人民共和国成立初期彰显国家独立主权和纪念革命英烈，到改革开放后在城市建设不断完善的背景下，城市雕塑成为北京城市公共文化服务设施的有机组成部分。在此过程中，对包括城市雕塑在内的诸多艺术创作有指导和引领作用的文化艺术政策逐步完善，具有针对性的政策、法规和行业规范，以及官方主导的各级管理机构，逐渐建立并发挥越来越重要的作用。

一、北京城市雕塑政策的探索与演进

尽管国内城市雕塑相关政策、制度等建设总体起步较晚，但是北京市由于其特殊的政治、文化地位，对国家总体城市发展策略和文化政策的反应十分迅速，在全国范围内起到了引领示范作用。为梳理中华人民共和国成立后北京城市雕塑相关政策的发展历史，笔者大体将其分为三个主要发展阶段：一是中华人民共和国成立初期至 20 世纪 80 年代初的积累期，二是 20 世纪

---

* 本文原载于《美术研究》2023 年第 1 期，与姚珊珊合作，收入本书时略有删改。

80 年代初至 90 年代末的初创和快速发展期，三是进入 21 世纪后的巩固和转型期。

中华人民共和国成立后至 20 世纪 80 年代初，北京城市雕塑并没有出台专门的政策规定，而是表现为实践中的国家主导与集体创作模式。在政策治理需要和普遍的社会需求下出现的城市雕塑带有鲜明的时代特色，当时北京诸多带有城市雕塑性质的作品，都与首都城市规划乃至全国的发展规划，以及全国的文化治理策略紧密相关，① 具体表现在三个方面。首先是在计划经济政策下，北京城市雕塑管理和建设机制与经济发展逻辑相一致。此时先出现了城市雕塑的生产机构，具有实践先行的特点，并在政策规定和管理机制尚不健全的情况下承担起规划制定、作品建设和实施落地等综合功能。例如，1958 年成立了全国第一个国营雕塑设计加工企业"北京市建筑艺术雕塑工厂"，后续在全国各地诸多经典作品的落地过程中发挥了积极作用。其次是北京城市雕塑相对直接地回应全国文化需求，诸多大型雕塑作品是在全国性政治或文化政策要求下建造起来的，而且间接为北京城市雕塑发展积累了人才储备、机构优势以及政策基础。最后是北京城市规划对城市雕塑的方向性引导。北京较早重启城市规划工作，1953 年就开始了城市总体规划的组织编制，为本地的城市雕塑起步带来了政策层面的隐性支持和发展契机，形成了当时北京城市雕塑建设的基础之一。

20 世纪 80 年代初至 90 年代末是北京城市雕塑政策从初创到逐步完善的阶段。1978 年党的十一届三中全会后，经济发展和城市建设互相助力，城市发展迎来新的活力和需求。北京作为全国政治、文化中心，自然成为城市建设的重中之重，城市雕塑也因此迎来新的发展契机。② 第一，北京对城市雕塑

---

① 当时的政策法规有些并不是正式的、有针对性的规定、规范或指导北京城市雕塑（当时尚未出现"城市雕塑"这一概念）的全面建设，有时甚至表现为横向渗透在各行各业发展中的隐性逻辑参照。

② 此时北京城市规划开始注重文化层面的发展，城市雕塑也将更好地服务于城市纳入考量，如1978 年中国美协筹备小组在召开雕塑工作会议时，就讨论了雕塑创作如何为新时期总任务服务、如何为城市建设服务的问题，透露出与城市紧密联系的城市雕塑创作导向。

工作高度重视，如 1983 年《北京城市建设总体规划方案（草案）》中就明确提到了"雕塑"一词；第二，文艺领域"二为"方向和"双百"方针的明确，以及西方现代艺术思潮涌入，使北京迎来了一次城市雕塑的创作热潮；第三，在全国城市雕塑机构建设和政策制定的探索下，"城市雕塑"得到国家层面的认可并被纳入政府行政管理范畴，这不仅确定了城市雕塑本身的合理性，也为北京城市雕塑政策制定和机构建设提供了土壤，指明了发展的依据和方向。

这一阶段政府力量有针对性地介入北京城市雕塑的规划、建设和发展，北京城市雕塑相关政策和规定开始进入创建和发展阶段。1982 年，"全国城市雕塑规划组"成立，同年底北京成立了"北京市城市雕塑规划领导小组"，1984 年又在此基础上成立了"首都城市雕塑艺术委员会"，作为专家机构负责北京城市雕塑规划和设计把关工作，不过此时的相关机构在组织上仍较为松散。1996 年，"首都城市雕塑建设领导小组"成立，"北京城市雕塑建设管理办公室"作为领导小组的办事机构。至此，北京城市雕塑管理机构基本成型。同时，北京也在摸索适合当地的城市雕塑管理机制，一批机构领导者在城市雕塑发展过程中发挥着桥梁作用，以摸索"北京特色"的方式推动政策执行和具体作品的落地推广。管理机构建设和运行机制的探索，构成了后续政策制定与推广的保障条件，上下多层级的管理模式也让北京城市雕塑、城市总体规划和城市公共生活之间有了更紧密的连接。在政策层面，1987 年的《首都城市雕塑暂行管理办法》、1988 年的《北京市城市雕塑建设管理暂行规定》（1994 年修订）、1993 年的《北京城市雕塑建设规划纲要》相继出台，不仅明确了主管单位的工作职责，还涵括了作品的规划布局、实施策略、建造资格、审批落地、质量要求、验收监督和后期维护等，初步形成了北京城市雕塑政策体系。各主管部门和城市雕塑管理机构进行约束和管理，以此规范城市雕塑的当下创作与远期规划。

步入 21 世纪后，2008 年奥运会、北京城市地铁、机场等大公共空间中的城市雕塑建设取得了瞩目成效。一系列成果作品与北京作为全国文化中心、国际交往中心的城市定位遥相呼应，同时与具体的城市生活有了更加紧密的联系。这一时期国内文化艺术领域的发展与社会生活有了更频繁、更深入的

互动，再次出现实践先行的城市雕塑发展面貌，借助北京城市建设、举办奥运会等契机，一批走在城市文化需求前列的雕塑作品落地北京。此时城市总体规划仍然对城市雕塑起到内在方向性指导或外在范围性圈定的作用，但对于北京城市雕塑来说，这一阶段来自城市规划层面的政策导向是隐形的、间接的，政策与实际之间存在需求缺口。因此，北京城市雕塑政策再次表现出实践先行、自下而上的衔接努力，在规划上主动参照城市总体规划的要求开展相关工作。例如，北京早在 2004 年就制定了《北京城市雕塑建设发展规划纲要》提纲，虽然最终未正式发布，但仍受到社会关切，表现出群众对城市雕塑建设的现实需求；2012 年北京城市雕塑建设管理办公室编制了《北京"十二五"城市公共环境艺术（城市雕塑）发展规划纲要》（以下简称《纲要》），市规划委领导要求北京市各规划分局加强重视，依据《纲要》，结合各区县实际情况进行下一步城市公共环境艺术和城市雕塑工作。此时关于城市雕塑的规划虽然没有出现在北京城市总体规划的正文之中，但已显露出北京市层面的重视，传达出其在城市总体规划高度上对城市雕塑的政策导向。后来，北京市机构改革中撤销了北京城市雕塑建设管理办公室，其相关管理职能划转到北京市规划和自然资源委员会城市设计处，同时成立北京市城市规划设计研究院公共空间与公共艺术设计所，与之形成执行联动。在城市快速发展、社会需求不断更新的过程中，与城市互动更加密切的城市雕塑政策的出台与实施，是新时期城市雕塑发展的迫切需要，也构成了北京城市雕塑政策发展的转型契机。

二、北京城市雕塑政策的特征和问题

从中华人民共和国成立后一批雕塑作品在城市中先行落地，到 20 世纪 80 年代有针对性政策的出台和管理机构的建立与 20 世纪 90 年代政策机制的升级，再到 21 世纪在城市雕塑层面主动向城市总体规划靠拢的发展策略，归纳北京城市雕塑政策规定的发展历程，可以发现其中的几点特征。

一是政治中心城市的特征明显，在城市雕塑政策规定方面紧跟全国政策，响应和落实速度及时。中华人民共和国成立后，作为首都城市，根据全国性的政策策略，一系列具有代表性的城市雕塑作品落地北京，在当时的历史环境中，作品本身就可被视为一种辐射全国的艺术创作导向，起到隐形的政策衔接和传播作用。在有针对性的城市雕塑政策制定和机构建立时，北京由于其特殊的政治文化地位，能够快速响应国家层面对于城市雕塑的政策要求，引领全国步伐。例如，1982 年 8 月全国城市雕塑规划学术会议召开、全国城市雕塑规划组成立，北京立刻上报《全国城市雕塑规划会议情况和我市开展雕塑工作的部署》，年底成立"北京市城市雕塑规划领导小组"，两年后成立"首都城市雕塑艺术委员会"，率先将城市雕塑纳入城市基本建设范畴，提供了城市雕塑规划、建设、监督、把关等方面的机构保障。又如，1986 年全国城市雕塑规划组发布《关于当前城市雕塑建设中几个问题的规定》，要求各省（市）、自治区城市雕塑规划组（委员会）对城市雕塑的建设加强领导，统一规划、妥善管理。次年首都城市雕塑艺术委员第三次扩大会议就审议并原则通过了《首都城市雕塑暂行管理办法》。因此，在时间方面，北京城市雕塑政策的制定、机构的建立紧跟国家；在政策内容和机构架构上也及时参考国家要求，形成全国性的政策规定与北京城市定位之间的某种衔接。

二是北京城市雕塑政策在全国引领示范的特征。从定位上看，北京作为首都城市，其城市雕塑政策制定和机构建设本身便备受瞩目，是全国性城市雕塑政策在各省（市、区）落地推广的参考标杆；从结果上看，北京较早做出表率，起到带头示范作用，全国多个城市的城市雕塑政策规定出台受到"北京经验"的影响。例如，1982 年北京成为全国第一批开展城市雕塑建设的两个试点城市之一，可以看出全国层面对于北京城市雕塑建设的定位之一即先行试点，进而为全国其他省（市、区）提供经验。在这一点上北京也确实作出了表率，快速成立城市雕塑管理机构，出台城市雕塑政策规定，并因地制宜地推动政策落地，在城市雕塑建设实践方面处于领跑位置。在全国各省（市、区）纷纷建立城市雕塑管理机构、出台相关政策规定时，北京作为首都城市因是可供平行参考的范例而受到关注。例如，在政策层面，据笔者与原北京城雕办主任于化云的访谈可知，1988 年《北京市城市雕塑建设管理暂行规定》出台后，济南、

长春、大连等多个城市，先后前来进行考察调研与政策经验咨询，随即出台了本地城市雕塑政策或开展城市雕塑创作实践活动。因此，北京在发挥全国政治和文化中心地位、标杆模范作用等方面具有重大意义。

三是首都城市的特征管理性质明显，多级联动的管理机构调整。早期北京城市雕塑实践相对直接地受制于国家对于首都城市的政治、文化、经济等方面的治理需求，在作品落地上既要体现"首都"政治经济文化定位、展现国家形象和历史功绩，又要满足"城市"中居民的公共文化需求。在这种背景下，早期影响北京城市雕塑的政策规定就有着多层级管理、多人员参与、多目标建设的特点。20世纪80年代，北京城市雕塑政策进入初创期，有针对性的政策制定和机构建设亦表现出相对突出的首都城市管理特征，以及多级联动的管理构架。例如，在管理架构方面，"首都城市雕塑建设领导小组"由市委、市政府领导组成，后批准成立的办事机构"北京城市雕塑建设管理办公室"设立于首都规划建设委员会办公室、北京市城乡规划委员会（首都规划建设委员会日常办事机构）；在推动政策落地方面，城雕办成立后为落实《北京城市雕塑建设规划纲要》制定了计划和措施，但在北京具体的城市雕塑建设实践层面效果并不显著。此时首都城市雕塑建设领导小组发动了各区县每年完成一个城市雕塑的计划，突破基层阻力，从政策的角度强力推动了全市各区县城市雕塑的具体建设。此时北京城市雕塑机构和机制建设本身已体现出多层级的管理特点，同时在政策落地面临阻力或困难时，出于具体区县城市空间和文化环境的考量而在具体实践中生发出多级别联动的管理措施，发挥管理机构的媒介、桥梁作用，让政策真正作用于具体的城市雕塑创作。

在多元化的发展态势下，城市雕塑被赋予了更加丰富的社会和文化内涵，承担着重要的社会文化服务职责。尽管近年来北京城市雕塑在实践层面持续全国领跑，但是相关政策的出台速度却相对滞后于实践层面的进展，城市雕塑政策规定方面存在的问题逐渐显露出来，比如，原北京城市雕塑建设管理办公室作为北京市规划和自然资源委员会下属的事业单位，缺乏行政审批权，在管理上只能停留在引导与建议的层面，没有强有力的执法权与审批权；再如，在政策体系中存在建设资金方面保障与规划建设衔接不足等问题。

三、北京城市雕塑文化政策发展的启示与未来方向

总结历史是为了在新时代条件下更好地发展完善北京城市雕塑相关政策。作为全国首都和文化中心，北京应当进一步发挥示范与引领作用，夯实政策基础，紧密衔接规划建设，形成完备政策引导下的管理与推广机制，建立有效的试点区域，探讨城市雕塑建设的中国模式。

一是适时推行"双百分之一"政策，补充资金方面的政策缺口。即政策区域范围内新建项目选择提取建设资金的1%用于艺术作品、艺术活动、艺术设施的建设，或选择提供建筑面积的1%用于对公众免费开放的公共文化服务空间建设。该政策可根据相关比例依照投资额度大小进行适当调控，如以10亿元为标准，建议建设资金总额超过10亿元的项目，超出部分按照5‰提取等。关于城市雕塑资金百分比计划在国内已有尝试，深圳南山区在21世纪初就已经率先提出公共艺术百分比的政策（后未正式出台落实），后在浙江台州首先落地实施。[①] 在此期间全国层面也在积极努力，2006年建设部的《关于城市雕塑建设工作的指导意见》[②]、2007年中央办公厅、国务院办公厅印发的《关于加强公共文化服务体系建设的若干意见》[③]均有百分比资金投入的相关要求。相关资金政策的研究和部署将有助于城市雕塑政策体系的进一步完善，也势必会推动城市雕塑在城市空间中更好地融入和普及。实际上，北京城市雕塑新一轮的迈进已经在蓄力之中，如《关于北京城市副中心先行试

---

① 2004年，浙江台州首先出台了国内公共文化艺术设施建设改革性文件《关于实施百分之一文化计划活动的通知》；2009年，台州市委办公室颁布《关于加快推进"百分之一公共文化计划"的实施意见》，同年6月举办第一批公共艺术设计方案评审会暨市百分比公共艺术政策研讨会，10月台州市建设规划局印发《台州〈市区"百分之一公共文化计划"重点项目管理细则〉的通知》，进一步保障计划的实施。
②《关于城市雕塑建设工作的指导意见》中提到："有条件的城市可借鉴一些发达国家城市雕塑建设的经验，在城市重点建设项目投资中提取一定比例资金用于城市雕塑等公共艺术建设。"
③《关于加强公共文化服务体系建设的若干意见》要求从城市住房开发投资中提取1%，用于社区公共文化设施建设。

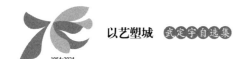

点公共艺术文化政策的建议》一文中提到可通过政策的扶持与引导，结合当地状况推进"百分比公共文化计划"，形成具有中国特色的、适应本土环境的发展模式与理想效益，该文也得到了北京市委领导的高度重视与批示。

二是应当完善机制建设，在重点发展地区成立艺术管理与推广中心。城市雕塑的建设，需要跨领域、跨部门的整体协同与规划。目前世界上许多发达城市都设有专门的城市文化艺术官方管理机构，如澳大利亚昆士兰州首府城市布里斯班专门设立了艺术发展局、中国香港在康乐及文化事务署设立了艺术推广办事处等。结合目前北京城市雕塑发展状况，应当设立艺术管理与推广中心，形成机制保障。建议由该机构具体负责协调、统筹北京重大文化艺术项目建设，制定文化政策和管理制度，负责艺术专项资金与空间的管理、审批、统筹和监督等工作，承担管理、推广、研究与协调等职能。目前北京城市雕塑建设管理办公室的撤销，北京市规划和自然委员会城市设计处与北京市城市规划设计研究院公共空间与公共艺术设计所的联动将改变原有北京城市雕塑的管理机制，甚至将影响后续城市雕塑与城市总体规划的关系，抑或为北京城市雕塑机构规范带来新的发展与改革可能。如果从管理机制上加以突破，在重点地区成立能够有效跨部门协同调度的艺术管理与推广中心，不仅将有效推动北京城市雕塑的系统性建设和规划，还将有助于全市各区县公共空间文化建设的协调性发展，将城市雕塑的发展层次，从艺术装点城市、艺术营造城市，推进至艺术融入城市、艺术赋能城市。

三是以"艺术城市"系统构建的理念，引领城市雕塑建设工作。城市雕塑高质量发展，有赖于建立一套真正有效的、可持续发展的艺术城市系统。"艺术城市"是艺术与城市融合发展的有机生态系统。这个系统以艺术为抓手，涵盖了城市生活中随时可见可感的视域文化要素，如城市品牌、城市色彩、城市标识等；也包括公共空间场域中的重要视觉文化载体，如城市雕塑、建筑景观、公共艺术品、公共家具与设施等；还包括文化活动与产业领域的延展，如文化艺术活动、文旅文创产品、展览演出等。"艺术城市"从城市品牌、空间艺术以及文化活动等多个层次全面介入，植入一种可持续的城市更新机制，形成相互关联、相互制约、相互支撑的有机整体，构建起人文城市的艺术生态体系。城市雕塑是"艺术城市"系统中的重要板块，也是城市文化建设中较为成熟和易于见效的部分。一方面，以"艺术城市"生态系统为前提，构思城市雕塑的创作是极有必要的，这将有效解决目前城市雕塑发展的痛点和难点；另一方面，城市雕塑将成为艺术城市建设的重要支点。在艺术城市理念引领中，城市雕塑创作能够充分吸收和展现城市文化精髓与灵魂，最大化地发挥打造城市品牌、塑造城市文化形象、提升城市综合竞争力的作用。同时，优秀的城市雕塑作品作为能够发挥持续影响力的文化创造和文化财富，又能反馈于"艺术城市"生态系统，使之更具活力，发挥积极的循环作用。

随着时代的进步，首都北京肯定需要确立更加符合中国现代都市建设发展需求的文化政策，继续发挥并巩固北京在中国城市雕塑与公共艺术领域的引领与示范作用，贡献出符合中国国情、吻合本土文化特质的艺术融入城乡发展的"北京方案"乃至"中国模式"。

新时代北京城市雕塑发展路径探析[*]

　　"城市雕塑"是一个具有中国特色的文化概念，曾被称作"室外雕塑""公共雕塑"，在一些著作中与"景观雕塑""环境雕塑"相等同。1982 年 2 月 25 日，"城市雕塑"一词首次出现在官方文件《关于在全国重点城市进行雕塑建设的建议》中，该文件指出"城市雕塑是一个文化的象征"，自此"城市雕塑"开始逐渐取代"室外雕塑"，[①]并被大家广泛使用，成为国内一个约定俗成的专有名词。

　　然而，"城市雕塑"的概念一直存在争议，争论的核心问题是如何区分其与公共艺术的基础边界。笔者认为，"城市雕塑"是指在城乡范围内以工程建设为标准在公共空间所设立的雕塑。这里强调的是城市雕塑的永久属性，指在真实的公共空间中固定存在的艺术构筑物。由于目前关于城市雕塑未来发展的方向问题亟待解决，本文将以北京为切入点加以探析。

一、2012 年之前北京城市雕塑的发展与问题

　　北京的城市雕塑与新中国、新首都的建设同步发展，有着与其他城市不同的使命与责任。1949—2012 年北京城市雕塑的发展可大致分为以下两大阶段。

＊　本文原载于《美术观察》2021 年第 3 期，与徐畅合作，收入本书时略有删改。
①　王克庆 . 中国百年城市雕塑艺术〔中〕[J]. 新文化史料，1999（5）：70.

第一阶段为1949—1978年。中华人民共和国成立以后，制定并实施了社会主义新首都的整体改造规划。例如，1953年完成的第一版规划书《改建与扩建北京市规划草案的要点》将北京定位为全国政治、经济和文化中心，并要将其建设成为全国强大的工业基地和全国的科学技术中心。在这一阶段的北京城市建设过程中，公共空间被大规模地清理改造、修缮，并兴建了大批街道、公园、广场，加之"一五"计划超前完成，为北京城市雕塑发展打下了前期基础。

此时，北京城市雕塑以政治色彩浓厚的大型纪念性雕塑为主。例如，在物质条件较为艰苦匮乏的情况下，国家举全国之力创作的人民英雄纪念碑（见图1、图2），不仅形成了中国城市雕塑集体创作的第一个高峰，而且掀起了全国各地纪念碑的创作浪潮。此阶段北京城市雕塑强调的是国家性，主要是对国家形象和革命精神的塑造与弘扬。尽管在"文革"期间出现了概念化、

图1　1952年4月，彭真听取张澜（右一）、李济深（左四）、
邵力子（左一）等对人民英雄纪念碑设计模型的意见

图 2   人民英雄纪念碑落成典礼现场

单一化的问题，但是从整体来看，这一时期的北京依旧呈现出了一批经典的作品。

第二阶段为 1979—2012 年。这一阶段北京的城市规划定位又经历了几次调整，在全国政治中心和文化中心的基础上，同时增加了"国家级历史文化名城""国际旅游城市""现代国际城市"的表述，比以往更加重视城市人文风貌的展示和国际交往功能。

首先，北京城市雕塑在改革开放的大潮中逐渐走向了新的探索，打破了集体创作模式，逐步尝试由艺术家个人为主导的多样主题城市雕塑，出现了以提升商业氛围、招徕游客为主要功能的城市雕塑。例如，1999 年为配合王府井商业街的改造（见图 3）和长安街景观提升，兴建了一批富有观赏趣味和京味文化的城市雕塑。此外，在北京亚运会和奥运会期间，北京也建设完成了一大批优秀的城市雕塑（见图 4 至图 8）。

其次，城市雕塑的管理机制取得了新突破。1982 年，《关于在全国重点城市进行雕塑建设的建议》得到中央领导批示，全国城市雕塑规划组相继成立，并决定在北京等十二个省市进行试点。1982 年年底，首都城市雕塑艺术管理小组宣告成立，1984 年，在小组的基础上组建了首都城市雕塑艺术委员会。1988 年，北京市政府在全国率先颁布实施了《北京市城市雕塑建设管理暂行规定》，明确了城市雕塑的主管机关、审批流程等问题，将城市雕塑纳入城市规划管理。1993 年，《北京城市雕塑建设规划纲要》印发。

1995 年，北京市委、市政府召开了北京城市雕塑工作会议，将城市雕塑

图3　琴嘎，《拉车》，高 180cm，
　　　1999 年；史抒青，《火树银
　　　花》，高 1500cm，2000 年；
　　　北京王府井大街

图 4　杨金环、白澜生，《盼盼》，高 1500cm，1990 年，北京国家奥林匹克体育中心

图 5　（中国台湾）杨英风，《凤凌霄汉》，高 350cm，1990 年，北京国家奥林匹克体育中心

图 6 （中国香港）文楼，《三度空间的演变》，高 500cm，2008 年，北京奥林匹克公园

图 7 （美国）布鲁斯·比斯利，《月影》，高 500cm，2008 年，北京奥林匹克公园

图 8　朱尚熹,《两个人的世界》,高 220cm,2008 年,北京奥林匹克公园

定位为城市精神文明工程。[①]1996 年,高规格的首都城市雕塑建设领导小组成立,同年经领导小组批准成立北京城市雕塑建设管理办公室。2004 年,办公室开启了首次北京城市雕塑的普查工作。此外,2011—2012 年,北京城市雕塑建设管理办公室历时一年多,再次对北京 6 大主城区及 10 个郊区县的城市雕塑进行普查,笔者以此次普查数据为母本,并结合实地调研和出版文献进行核定补录,据统计,1949—2012 年北京设立的城市雕塑共计 2530 件,占比如图 9 所示。

由此,我们可得出结论:虽然北京城市雕塑经过数十年的发展,形成了丰厚的积累,如数量多、经典作品多、管理制度建设相对完善等,但也存在以下几个问题。

其一,区域发展不平衡。例如,朝阳区、海淀区、石景山区城市雕塑数量占比均在 10% 以上,其中朝阳区最高,占到总数的 20%;而东城、西城、

① 建轩 . 北京 上海:提升城市雕塑建设水平打造城市雕塑精品［J］. 城乡建设,2008（1）:41.

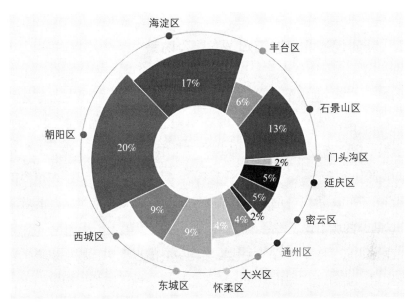

图9 北京市城市雕塑空间分布情况

朝阳、海淀、丰台、石景山6个主城区的城市雕塑数量占比高达74%。究其原因，除了6大主城区经济和基础建设条件较好外，还有一些重大历史机遇的原因，如亚运会、奥运会、清华大学百年校庆、北京国际雕塑公园的推动作用。

其二，北京城市雕塑创作和区域发展不匹配。例如，虽然海淀区内的高校、研究机构、科技产业园区密集，而且《北京城市总体规划（2016年—2035年）》（以下简称《新总规》）中明确提出将其建设成为具有全球影响力的全国科技创新中心核心区，但是海淀区以科技创新为主题的城市雕塑占比区域总量不足5%，且将近半数的城市雕塑没有明确的主题，仅起到景观点缀的装饰作用。

其三，北京城市雕塑的发展缺乏有效且可执行的专项规划。北京城市雕塑虽前期确立了相关管理制度和规划纲要，但随着管理部门撤改、管理权限衰减，北京城市雕塑的建设管理时常陷入被动，作品也常因时、因事而立，缺乏系统化有力的规划和组织。

二、新时代的北京城市雕塑发展及对策

2012 年，中国迎来了一个新的阶段。在这一阶段，北京延续了以往全国政治和文化中心的定位，进一步明确了国际交往中心、科技创新中心的定位，并强调建设"和谐宜居之都"。[①] 依据"四个中心"的总体定位，北京市规划委员会于 2016 年编制了第八版《新总规》，着眼于打造以首都为核心的世界级城市群，在市域范围内形成"一核一主一副、两轴多点一区"的城市空间结构，构建新的城市发展格局。

在建设北京"四个中心"尤其是文化中心的过程中，城市雕塑具有不可替代的作用。随着北京城市空间的拓展和城市功能形态的日趋复杂化，北京的城市雕塑在创作上呈现出更加多元化且与公共艺术联系更加紧密的态势。2012 年至今，北京轨道交通建设管理有限公司与北京城市雕塑建设管理办公室协同开启了北京城市轨道交通公共艺术作品创作的第二次高峰。2019 年由中央美术学院主导策划设计的北京大兴机场公共艺术总体设计为中国"人文机场建设"提供了新的思路。2020 年 7 月，由北京市人民政府与河北省人民政府共同主办的北京 2022 年冬奥会和冬残奥会公共艺术作品征集开启。由此可见，北京城市雕塑的创作走进了更多新的公共空间，具有了更多人文关怀、科技融合的时代意味。

此外，值得关注的还有中华人民共和国住房和城乡建设部于 2017 年 6 月 1 日正式实施的行业标准《城市雕塑工程技术规程》。该标准的出台更加明确了城市雕塑是一项工程建设的本质，其聚焦城市雕塑工程技术的应用与质量安全、艺术之间的关系，提出了一套基础性城市雕塑工程建设标准体系。[②] 总体来说，2012 年至今，北京的城市雕塑发展虽成绩明显，但其管理的实质权

① 习近平在北京考察就建设首善之区提五点要求 [EB/OL].（2014-02-26）[2024-04-22].
　　http://www.xinhuanet.com/politics/2014-02/26/c_119519301_5.htm.
② 武定宇. 演变与建构：1949 年以来的中国公共艺术发展历程研究 [D]. 北京：中国艺术研究
　　院，2017：105.

责并未有所突破，从全国来看仍然发展缓慢。因此，笔者结合自身的研究，认为新时代北京城市雕塑的发展要紧抓《新总规》，注意以下几点问题。

第一，在空间规划上，北京城市雕塑建设应紧跟"四个中心"定位，做好协同配合。《新总规》提出了城市空间结构规划，并对每个空间区域的具体功能作出了分析与指导。北京城市雕塑的规划发展也要将"一张蓝图绘到底"。例如，东城区和西城区作为未来的核心区，既要突出其作为政治和文化中心的功能，又要敢于留白，利用大量的腾退空间，在建设一批绿地公园的同时有计划地设置一些具有纪念性、仪式感的城市雕塑。此外，在南北和东西城市中轴线及其延长线上，要构建起北京城市雕塑发展的骨架，包含长安街、天安门等重要政治地标的东西中轴线，贯通北京城市副中心，规划"国家建设发展"雕塑带；串起紫禁城等文化遗产和奥运建筑群的南北中轴线，建设古今交融、体现中国悠久灿烂文化和构建人类命运共同体宏大愿景的"国家文明发展"雕塑带。

第二，在创作主题内容和艺术形式上，要让更多蕴含中国精神、中华文脉的城市雕塑作品走进公共空间，进一步发挥城市雕塑在社会主义精神文明建设中的作用。要根据区域的定位，规划鲜明的创作主题，避免出现主题模糊、趣味庸俗的低质量作品。例如，首都功能核心区应加强政治性、纪念性的城市雕塑建设，适当控制其他题材，保持核心区以政治中心功能为主的空间整体氛围的严肃性与神圣性。同时，北京城市雕塑的艺术形式要实现创造性转化和创新性发展，要敢于跨界，特别是在国际交往、科技创新片区，要勇于打破城市雕塑的边界，将科技与建筑、景观，特别是公共艺术有效融合（见图10），最终营造出更加丰富多彩的城市文化氛围，进而实现"国际一流的和谐宜居之都"的目标。

第三，在管理制度上，要健全管理系统，注重规划，提升公共文化服务水平。首先，要敢于把握核心时间点，发挥北京集中力量办大事的经验优势，实现一批反映新时代的艺术精品；其次，应加强新媒体的推广力度，增强阐释与宣传，共同推进北京城市雕塑的国际影响力；最后，要充分利用科技手段开展信息化、智慧化的管理新模式。要加大管理权责，敢于推进北京城市

雕塑管理先行先试的管理机制，如在北京城市副中心先行先试公共艺术文化政策的相关条例，为北京城市雕塑的发展提供新引擎，为全国文化中心的建设提供实践支撑与理论基础。

图 10　孙贤陵，《生命》，高 1013cm，1992 年，北京

长征题材雕塑创作的回眸[*]

　　艺术的真实性往往源于对真实历史的提炼和再创造。长征胜利以来，全国各地创作相关雕塑难以计数，这些作品以雕塑艺术具有自身的形象性、直观性、生动性和交互性，还原和建构了伟大的长征史诗图像。其整体创作特点从 20 世纪五六十年代强调革命的理想主义塑造，转到 80 年代之后较为注重表现与再现的结合，并以雕塑的现代语言来呈现战争的残酷与无情，21 世纪之后，则偏向于对长征历史真实的挖掘和对长征视觉图像的再诠释。^① 不同时代有着不同的审美视点，并滋生出种种新的审美发现，一定程度上也折射出了不同的文化思想和审美倾向。长征记忆也通过雕塑这种特殊的艺术形态变得更加鲜活和具体，并在不同的时代和风格里得到彰显。

一、20 世纪五六十年代长征题材雕塑人物形象的塑造

　　中华人民共和国成立初期，"伴随着中国人民革命军事博物馆、革命历史博物馆以及相关革命博物馆的建立和纪念红军长征胜利而举办的各种美术作品展览等"^②，长征题材雕塑的创作成为一种趋势和主流。20 世纪 50 年代末

＊ 本文原载于《美术》2020 年第 10 期，与安燕玲合作，收入本书时略有删改。
① 尚辉.国家历史记忆中的诗史图像：12 幅长征题材历史画巨构对长征精神的塑造［J］.美术，2016（12）：13–15.
② 尚辉.国家历史记忆中的诗史图像：12 幅长征题材历史画巨构对长征精神的塑造［J］.美术，2016（12）：13.

至 60 年代初，是长征题材雕塑创作形成的第一次集中，许多雕塑艺术家怀着对党和国家的热爱和崇敬之情创造了多件表现长征题材的作品，以缅怀中国共产党崇高的革命精神，弘扬社会主义革命事业的斗志和对长征精神的传递，也充满了对未来美好生活的向往和憧憬。这些作品主要以长征历史相关人物为主，反映了这个时代对长征文化的理解和对革命理想主义的一种塑造，铺垫了中国长征题材雕塑创作早期的基石。

1956 年，潘鹤创作的《艰苦岁月》(见图 1、图 2) 是新中国长征题材雕塑中最早的作品，原作先存于中国人民革命军事博物馆，后于 1996 年被放大安置在广州雕塑公园。在中国人民革命军事博物馆成立之时，《艰苦岁月》是作为展陈订件作品而被陈列在军事博物馆的"红军长征展区"的。有意思的是，据潘鹤解释，这件作品其实是受解放军总政治部委托，以反映"四野"解放海南岛的主题创作，由于当时正值反对"地方主义"，所以就一直被放

图 1　潘鹤，《艰苦岁月》，高 300cm，1996 年，广州

图 2 《艰苦岁月》作品局部

置在长征展区。后来，这件作品习惯性地被作为长征题材雕塑艺术不断进行展出。2016 年 10 月，这件作品依旧作为长征题材雕塑创作展示在中国美术馆 "纪念中国工农红军长征胜利 80 周年美术作品展" 上。这件作品以感人的人物组合形象，体现了最能在观众心中激起共鸣的革命主题：在艰苦的岁月里，老战士仍然在吹奏笛子，嘴角微溢笑意，小战士托腮倾听，对未来充满美好的憧憬。其稳固的三角形构架，人物外表衣衫褴褛，内心却精神抖擞，始终保持着对革命胜利的信念，作品在现实生活的基础上进行了理想化的提炼，这也是这一时期长征题材雕塑创作的共有特征。雕塑家在此着重表现的是一种革命乐观主义精神，这种精神被认为包含着对未来和理想的确认，与消极的浪漫主义所具有的悲观与灰色的情绪相反。由此，这样的表现被认为是 "革命现实主义与革命浪漫主义的结合"[①]。

作为中国现代雕塑的重要奠基人之一，刘开渠同时是新中国长征题材雕塑的推动者。从创作时间来看，其 1956 年完成的《工农红军》（见图 3）创作于《人民英雄纪念碑》（1949—1958 年）创作期间，"1953 年，刘开渠开始担任人民英雄纪念碑设计处处长兼美术工作组组长，亲自创作了《胜利渡长江》《支援前线》《欢迎解放军》三块浮

---

① 吕澎.美术的故事：从晚清到今天［M］.桂林：广西师范大学出版社，2015：201.

雕"①。很明显，《工农红军》与《人民英雄纪念碑》中的人物创作在艺术表现上具有高度的一致性，西方写实主义与中国写意技法的结合贯穿其中，平实无华中带有一种古老东方的美感，作品形体简洁完整，通体明亮，这既与刘开渠早期留学法国，受到西方学院派雕塑体系教学的影响有关，也与其长期深受中国传统艺术的熏陶有关。这也是刘开渠雕塑艺术的主要风格和特点。

1959年，嵇信群的《红军炊事员》以及肖琏与杨发育合作的《小号手》都是以长征历史记忆中的普通战士作为表现对象而创作的长征题材雕塑，而程允贤的《毛泽东在长征路上》（1958年）以及王泰舜创作的《毛主席长征途中》（20世纪60年代）则属于着重表现革

图3 刘开渠，《工农红军》，高235cm，1956年

命领袖人物的长征题材雕塑。这些作品完成了从传统形态向现代形态的转换，摆脱了中国雕塑长期束缚于宗教的捆绑。现存于中国人民革命军事博物馆、由四川美术学院集体创作的《过草地》（1960年）是根据中央红军1935年在长征途中过草地的事迹而作的，作品展现了毛泽东、周恩来、徐向前等领导的人民军队虽然面对极其恶劣的自然环境，但每个人的脸上都洋溢着对革命胜利的坚定信念和乐观的革命精神。由此，《过草地》《小号手》等作品都统一在中华人民共和国成立初期这一特殊时代的风格，"整体风格与20世纪五六十年代积极、热情、单纯的社会风气相一致，这种风格来源于时代的造

① 贺绚.人生是可以雕塑的：纪念刘开渠诞辰一百周年展览暨学术研讨会举行［J］.美术，2004（11）：88.

就，也是对时代的一种阐释"①。

关伟显的《万水千山》（见图 4）、袁晓岑的《金沙水暖》（1975 年）、张润垲的《长征路上》（1975 年）等，成为 20 世纪 70 年代长征题材雕塑创作的重要代表作品。其中，《万水千山》以毛泽东为革命代表人物表现了中央红军在经历千难万阻、山高水险的长征路上不畏一切困难、坚信革命一定胜利的决心。《金沙水暖》则"表现了红军长征胜利渡过金沙江后，老船长与红军指挥员道别时依依不舍之情和对红军胜利的渴望心情，也表现了红军必胜的信念"②，凝固了红军和人民在危难时刻同舟共济的鱼水深情。袁晓岑在作品中延续了此前完成的《送儿当红军》的创作方式：一贯的三角形构图，对人物衣纹的显隐处理，以及对人物表情平实但又不失生动的刻画，都表现了塑造对象对革命光明的向往和对未来无限的憧憬。需要指出的是，"袁晓岑 1963 年

图 4　关伟显，《万水千山》，高 80cm，1972 年

① 吴为山 . 雕塑时代：新中国城市雕塑回顾与展望［J］. 美术研究，2010（6）：108.
② 袁晓岑 . 金沙水暖（雕塑）［J］. 云南社会科学，1981（1）：103.

创作的《送儿当红军》是新中国成立后云南雕塑家创作的首件反映红军云南长征题材的雕塑"①。1975 年，为纪念长征 40 周年，福州雕刻厂的工人专门创作了大型寿山石雕《长征组雕》②，同年张润垲创作了主要表现革命英雄人物形象的《长征路上》。1977 年，仇志海完成了《长征路》的创作并在全军美展上亮相。但由于当时受到社会政治因素的影响，长征题材雕塑在 20 世纪 70 年代的创作数量并不是很可观，其发展一度显得比较沉滞。

总体来说，五六十年代长征题材美术创作在价值观和艺术语言上比较统一，"较强调理想主义精神的激扬，从领袖到将士的形象塑造莫不体现一种高昂的斗志、理想主义的神圣"③，体现了革命艰苦年代中的一种乐观主义精神，并在树立国家视觉形象方面发挥了积极作用。从形象塑造上看，中华人民共和国成立初期长征题材雕塑创作基本沿用的是英雄史观指导下的"革命现实主义与革命浪漫主义相结合"的创作方法，遵循的是社会主义现实主义创作的原则。这一特殊阶段的长征题材雕塑创作虽大多偏向于架上雕塑，也更强调雕塑的社会学功能，但在创作方法、思想观念、艺术语言等方面都为后来长征文化、长征精神进行艺术转换提供了一种思路和方法。

二、新时期长征题材雕塑的探索与突破

改革开放的新时期，中国雕塑家在外来文化的冲击下不断解放思想，并对长征文化进行全面挖掘和创新，以中国经验、中国方案在表现长征题材雕塑形式语言上走出一条传统与现代相结合的发展道路。自 1986 年起，纪念红军长征胜利 50 周年、60 周年等主题美展陆续举办，纪念红军长征胜利活动逐渐上升到了党和国家的层面，极大地推动了长征主题的美术创作。④ 应当说，

---

① 张仲夏. 雕塑家的责任与担当：云南红军长征题材雕塑创作［J］. 美术大观，2016（11）：76.

② 韩洪泉. 新中国成立以来长征纪念活动述论［J］. 理论与改革，2020（2）：174.

③ 尚辉. 国家历史记忆中的诗史图像：12 幅长征题材历史画巨构对长征精神的塑造［J］. 美术，2016（12）：13.

④ 钱晓鸣. 永恒的旗帜［N］. 中国美术报，2016–10–31（21）.

新时期的长征题材雕塑呈现出一种纪念性雕塑的创新精神，在表现形式及角度方面都出现了不同于以往的鲜明特征，推动了中国百年雕塑的现代转型，既成为中国百年雕塑在探索民族化进程中的一个重要里程碑，也彰显了对民族文化探索的一种自觉；在创作方面呈现更具有现代、革新的特征，逐渐对长征文化进行自我反思、拓展与延续。

相对于前一历史阶段着重对长征相关人物的塑造，这一时期的长征题材雕塑创作往往取材于长征历史中的真实事件，以此表现中央红军浴血奋战、英勇前行的革命精神。1982 年，叶宗陶、许宝忠、高彪创作的《中国工农红军强渡大渡河纪念碑》（见图 5）是这一时期长征题材纪念碑性雕塑典型的新表现形式。创作者将碑的主体、人物头像与纪念浮雕融为一体，创作思维独特而新颖。该作品摒弃了以往纪念碑雕塑宏大的叙事模式，而以普通

图 5　叶宗陶、许宝忠、高彪，《中国工农红军强渡大渡河纪念碑》，高 626cm，1983 年，四川

战士的局部头像作为碑体的主体，个体形象特征尤为突出，并赋予作品以象征意义，通过个体来呈现历史的叙事场景，不仅使得整个作品更具视觉冲击力，也体现出艺术家对于普通革命战士在革命战争中的作用和价值的认识的突破。①

叶毓山是新时期创作长征题材雕塑最多的艺术家，其创作的多件长征题材雕塑作品后来都成为被人们广为传颂的经典佳作。1996 年，由叶毓山精心设计的《红军突破湘江纪念碑》坐落于湘江战役烈士纪念碑园中轴线的中央广场，作为进入碑园的"红军门"。艺术家精心的选址不仅使作品与自然环境达到和谐统一，而且还原了"湘江战役"悲壮的场景，其精湛的艺术造诣以及庞大的体量都给予了观者一种灵魂的震撼。②《红军突破湘江纪念碑》（见图 6）打破了雕塑体系中的整体与局部的关系，巧妙利用雕塑形体的转折变化，赋予人物以巨大力量，彰显了中央红军顽强拼搏、不怕牺牲的革命精神；创作上突破了再现写实手法，在艺术形式和语言实践上作出了巨大努力，使长征题材雕塑在新时期的表现方式上获得了新的生机。毫不夸张地说，该作品最深沉地传递了新时期长征题材雕塑所抒发的中国工农红军不畏牺牲的悲壮和勇往直前的信念。再如，李德昭和张志禹等人于 1995 年创作的《红军渡江纪念碑》（见图 7）采用了高度凝练的象征手法，采取了抽象构成与具象写实相结合的艺术语言，"两个抽象的巨形三角体向中间斜向屹立，象征着夹峙金沙江天险的两岸大山；'漂浮'于'大山'之间的红色的斗形平台，象征着穿越金沙江、满载红军的渡船；船头镌刻着金色的纪念碑碑名；渡船上的红军赤裸着上身，反映了五月渡河时炎热的气候；人物强健的肌肉，凝望高呼的形象和张扬激昂的动态，更体现了红军战胜艰难险阻的大无畏精神；高举的船桨也点醒了红军渡江这个主题事件"③。

上述这几件创作于 20 世纪八九十年代的作品，以及同一时期的《遵义红军烈士纪念碑》（1984 年）、《红军飞夺泸定桥纪念碑》（1986 年）、《红军长征

① 陈超.新时期革命历史题材雕塑艺术研究［D］.上海：上海大学，2016：59-60.
② 陈培一.雕塑·城市［M］.北京：当代世界出版社，2011：251.
③ 陈培一.雕塑·城市［M］.北京：当代世界出版社，2011：292.

图 6　叶毓山，《红军突破湘江纪念碑》，高 1350cm，1996 年，广西

纪念碑》（1990 年）、《彝海结盟纪念碑》（1995 年）等作品，若综合来看，其实已能总结出这一阶段纪念碑性长征题材雕塑的创作特点：这些作品突破了传统纪念碑性雕塑创作的旧模式，以多样的造型表现替代了传统纪念碑的思维定式，开启了长征题材雕塑创作向城市公共空间的艺术转向，在城市雕塑

图 7　李德昭、张志禹等,《红军渡江纪念碑》(局部),高 1100cm,1995 年,云南

发展过程中扮演着重要角色,创作语言简练概括,呈现出从旧范式向新形式的过渡特点。传统与现代的有机结合,给予了艺术作品强大的震撼力,作品往往以长征过程中历经的重要事件为创作背景和素材,以岩石之刚硬象征烈士之不朽和长征精神之永恒。同时,这些作品也是城市雕塑创作生命力旺盛的一种表征。

新时期,除了以长征历史中的真实事件为创作依据,对其中所涌现的英雄人物的歌颂也是艺术家对长征文化的一种重新思考和定位,为长征精神的弘扬与传播发挥了重要作用。例如,吴为山主创的《傅连璋》(1996 年)就是写意与写实相结合的典型代表,作品注重的是对人物内在神韵的把控而非局部衣纹的强调,艺术家以精湛的技艺还原了一个优秀的共产党员在长征途中救死扶伤、精益求精,全心全意为人民服务的精神。众所周知,历史英雄人物具有强烈的精神感染力,新时期的雕塑艺术家以自觉的意识对历史英雄人物进行塑造,以此传达其对革命事业坚定的意志和对长征无畏精神的追求,

这不仅是对个体精神的塑造，更是对革命时代集体精神的一种映射。走进 20
世纪八九十年代，长征题材雕塑在创作上的热情不断递增，很多雕塑家的创
作观念也在不断进行革新，这使得长征题材纪念碑性雕塑的形式语言和表现
手法呈现多元化的发展趋势，最明显的特点就是具象与抽象相结合，主体由
意象化处理转向抽象化表达。英雄人物的平民化处理、作品形式的现代性追
求及民族传统形式的借鉴，实际上都是这一时期长征题材雕塑所作出的探索
与突破。

总之，与 20 世纪五六十年代相比较，新时期的长征题材雕塑更加注重
对革命环境的烘托和对历史真实事件的再现，也更加注重作品表现的力度和
厚度。丰富的表现手法，由架上走向城市公共空间，从实践跨度到观念范畴，
都以其自身的方式滋生出这一时期长征题材雕塑创作新的表达语言。这一时
期的很多经典作品都在试图通过一种具有现代意味的艺术手法对历史进行还
原和阐释，其中既有呈现革命年代战争的残酷，也有揭示长征道路的艰难险
阻及中国工农红军在长征途中坚毅顽强的精神。

三、21 世纪以来长征题材雕塑的多样表达与深化

进入 21 世纪，长征题材雕塑创作呈现一种繁荣的姿态。艺术家在创作
理念、表现形式和叙事视角上展现出比以往更加开阔的艺术视野和创作思
维。这一时期的长征题材雕塑流露出了独特的精神内涵和审美意蕴，并且在
空间结构、造型语言、观念思想等角度作出了积极的创新实践，这对于新时
代雕塑"中国化"的民族特色发展大有裨益。易乐平的《长征记忆——董必
武》（2006 年）和《长征记忆——林伯渠》（2012 年）、赵光明的《雪山忠
魂》（2011 年）、张仲夏的《兴盛番族——贺龙在松赞林寺》（2012 年）、黎明
等人的《中央红军进延安》（2013—2016 年）、洪涛的《速写长征——向北！
向北！》（2014 年）、王树山的《红色记忆》（2016 年）、张飙的《雪莲花》
（2016 年）等，都是这一时期涌现出的长征题材雕塑佳作。从创作时间来看，
这些作品主要集中在纪念红军长征胜利 70 周年、80 周年前后和中华文明历史

题材美术创作工程以及百年重大历史题材美术创作工程活动上；从创作主题来看，这些作品依然坚守和弘扬国家主旋律，担负着国家的政治宣传和教化功能，艺术表现力强烈、表现方式多样、社会影响力广泛，充分发挥了中国百年雕塑讲好红军长征故事的作用，对红军长征形象的建构及中国共产党形象的塑造也发挥了积极作用。

通过特殊的空间环境来再现典型事件和人物，是21世纪长征题材雕塑创作的一种主要方式，也是长征题材雕塑对弘扬长征精神的主要空间符号（如纪念馆、烈士陵园、陈列馆等）的创建。[①]2008年，由王中主持创作的《长征路上》是针对四川古蔺县太平镇四渡赤水纪念馆广场特定的空间场地而创作的再现红军"四渡赤水"这一传奇历史事件的作品。该作品主要以"散点分布"的红军主体人物为表现对象，其生动的写实手法以及动态的准确把握，不仅突出了对长征文化的深度挖掘，也拉近了艺术与观者之间的距离。此外，江西信丰县革命烈士陵园中的《长征第一仗》（2017年），是依据中央红军主力突围战斗在信丰百石打响"红军长征第一仗"的历史事件所在的地理空间位置而创作的；中央红军长征出发地纪念园中的《中央红军长征出发纪念碑》（2007年）和《长征从于都出发》的主题雕塑（2009年）、宁夏六盘山红军纪念馆顶部的《六盘山长征纪念碑》（2005年）以及延安革命纪念馆为红军长征时期所创作的主题雕塑等也是在当年长征沿途留下的遗址、遗迹空间中创作的兼具思想性与艺术性的典型作品，既是长征历史纪念中广为熟知的空间符号，也是对长征文化深度的研究与挖掘。

21世纪中国美术界引人瞩目的中华文明历史题材美术创作工程及国家重大历史题材美术创作工程等项目的实施，一方面体现了国家主流艺术的审美追求，另一方面体现了国家主流意识形态和文化导向，并掀起了长征题材雕塑创作的热潮。王洪亮于2009年创作完成的《红军长征的将领们》属于国家重大历史题材美术创作工程之一，其塑造的是9位红军长征中的主要领导

---

① 尚辉.国家记忆，史诗图像：长征题材美术创作对民族精神的审美塑造[N].光明日报，2019-07-22（11）.

者和决策者（毛泽东、周恩来、朱德、张闻天、彭德怀、刘伯承、贺龙、徐向前、任弼时），表现的是长征胜利会师的一个瞬间场景。9 个人物组成一字排的构图，刻画了红军在危急关头对革命前途充满信心的决心，赋予了长征题材雕塑以新的生命力。吕品昌的《广昌路上》（见图 8）同样是国家重大历史题材美术创作工程之一，也是长征题材雕塑力作。其围绕毛泽东在江西广昌的革命实践和红军战士"鏖战广昌"这一主题，并以毛泽东的词《减字木兰花·广昌路上》为背景而作，表现了红军战士具有战胜一切艰难险阻的力量和一往无前的精神。值得一提的是，新一代的年轻雕塑家也对长征题材怀有浓厚的创作热情，其中较为突出的是贵州雕塑家廖凯。他对"长征"有着自身独特的理解与视角，创作了多件长征题材雕塑，如围绕遵义会议创作的《历史转折》（2004 年）、《四渡赤水》（2006 年）、《娄山关大捷》（2009 年）、《彝海结盟》（2009 年）等，这些作品体现了新一代艺术家对长征历史文化深厚的情怀和对长征精神革命意涵的理解，不仅具有深度的思想内涵，而且具有深厚的艺术造诣。

　　2016 年是长征胜利 80 周年，全国范围内相继举办了一系列有关长征主

图 8　吕品昌，《广昌路上》，高 800cm，2009 年，江西

题的美术展览及论坛会议，有效地提高了艺术家创作长征题材雕塑的积极性。这些活动中较具有代表性的有：中国美术馆举办的"纪念红军长征80周年美术作品展"、国家博物馆主办的"纪念红军长征胜利80周年美术作品创作展"，以及"纪念红军长征胜利80周年全军美术作品展览"和中央美术学院在中国美术馆举办的"中央美术学院接力系列展·艺术再长征"（以下简称"艺术再长征"）。其中，"艺术再长征"展览上的《活着》（中央美术学院集体创作）、《我的长征》（王少军、李博雍）、《过草地》（王中）等，"纪念红军长征胜利80周年全军美术作品展"上的《长征日记》（王树山，见图9）、《红色记忆》（王树山）、《雪莲花》（张飙）、《火种》（赵君安）、《红军歌声代代传》（曹陆童）、《铁罗汉》（粘瑞真、刘畅）等，成都"纪念中国工农红军长征胜利80周年"原创雕塑作品主题展上的《长征》（赵树同）、《长征中的毛泽东》（王全文）、《长征史诗——璧》（罗彬文）、《飞夺泸定桥》（罗金国）等，这些作品都是为纪念红军长征胜利80周年系列展览上涌现出的长征题材雕塑，其共同点在于：一方面，艺术家们在尊重历史现实的基础上，利用新颖的艺术

图9 王树山，《长征日记》，高50cm，2016年

语言，通过对长征历程中重要的场景和人物的塑造，再现了长征的峥嵘岁月，拓宽了长征题材雕塑创作的表现样貌，丰富了长征题材雕塑创作的形式语言；另一方面，艺术家们对既往的长征题材雕塑作出了突破、创新与拓展，并以当代艺术的视角对长征历史呈现出了史诗般的表达。[①] 这些作品不仅深化了长征文化的精神内涵，也凝聚了中国力量，对公众形成一种潜移默化的教育意义。

客观而言，21 世纪以来多样化的艺术表达对长征题材雕塑的发展具有很大的带动作用，无论是表现形式还是作品内涵，无一不反映出这一时期艺术审美风尚发生了明显的变化，即走向一种抽象形态。2019 年，由王中、熊时涛等创作的江西瑞金《五角星》（见图 10）是以抽象语言为主的一种长征视觉文化再现，也是由具象向抽象转变的一件代表性作品。作品主体色调以"中国红"为主，设计理念源于长征出发地"瑞金"特殊的历史地位，最终使雕塑主体拔地而起，非具象的五角星造型激发起强烈的感召力，高大的红色五角星寓意着瑞金这片"红土地"永放光辉，象征着中央红色政权从这里孕育诞生。作品带有浓郁的历史文化氛围，不仅是对长征文化和长征精神的凝练，也寓意着中华儿女永远忠于党和国家的一颗红心。毋庸置疑，红色在长征题材雕塑中有着特殊的意义，代表革命、权威与勇气。由王中等创作的雕塑作品《四渡赤水茅台渡》同样以红色为基调，其强烈的视觉冲击力，沉稳中带有激昂，强化了"长征"胜利的主题。还有，由蔺宝钢主创的《中共中央机关进驻延安》（2015 年）主雕塑中的抽象部分也以红色为主，象征革命圣地的红色文化。作品以 1936 年中央机关进驻延安为历史背景，抽象形体与具象形体的组合展现了中央红军三大主力会师陕北的壮观场面。可以说，21世纪长征题材雕塑创作突破了传统观念，多强调以现当代视觉文化语言对历史进行重释，并以创新的艺术表现形式和现代艺术理念构成了中国现当代艺术的重要组成部分。

---

① 辛文.铭记历史，弘扬精神，不忘初心，继续前进：纪念红军长征胜利八十周年美术作品展隆重开幕 [J].美术观察，2016（12）：32.

图 10　王中、熊时涛等,《五角星》,高 5200cm,2019 年,江西

四、结语

中华人民共和国成立以来,长征题材雕塑创作无论是早期的理想与现实的统一,还是融入主体情感的新时期佳作,抑或 21 世纪以来的多样化艺术表达,包括对个体英雄主义的颂赞与宏大叙事的主题性巨构,都塑造了各自所处时期的长征视觉形象,凝结了几代艺术家对长征历程与长征精神的理解和纪念,显示出了不同时期的区别与变化。[1] 长征题材雕塑把长征记忆直观、形象、生动地呈现出来,诠释了伟大长征的风云岁月和艰苦历程,昭示了一种百折不挠、艰苦卓绝的革命大无畏精神和浪漫主义革命情怀,塑造了一部气

---

[1] 辛文 . 铭记历史,弘扬精神,不忘初心,继续前进:纪念红军长征胜利八十周年美术作品展隆重开幕 [J]. 美术观察,2016(12):32.

势恢宏的长征史诗，构成了建党百年国家历史记忆中最激动人心的艺术形象。

　　长征具有强大的精神感召力，不仅是中国百年雕塑创作的重要源泉之一，更是城市公共空间实现发展的巨大资源。目前来说，长征题材雕塑虽已取得一定的研究成果，但城市公共空间对长征文化的关注度和挖掘度还不够，长征题材雕塑创作仍有进一步提升和挖掘的空间，尤其是长征沿途城市更要注重对长征文化的挖掘和利用，不断探索开发新的发展空间，实现长征文化精神的当代审美转换。总之，长征题材雕塑的未来发展应不断加强推进以长征精神为内核和表现的创作，积极参与城市建设的规划设计，充分挖掘、整合、转换、利用长征文化的丰厚资源，通过雕塑艺术独特的表现优势充分表现和诠释长征文化的内涵和精神，塑造具有中国特色的城市公共空间雕塑作品。

身体与空间的交锋

——安东尼·葛姆雷的雕塑艺术

安东尼·葛姆雷，1950 年生于英国伦敦，英国皇家艺术学院会员，英国皇家建筑协会名誉研究员，剑桥大学圣三一耶稣学院研究员，大英博物馆受托人。其作品遍及英国南岸区、滑铁卢桥两侧，以及伊丽莎白音乐厅等多处重要的公共场所地带。1998 年，《北方天使》使他的声誉一时风靡世界各地，也使其作品后来遍及多个国家和地区。葛姆雷在德国库克斯港和英国皇家艺术学院均有大规模的作品，并多次参加集体作品展，如 1982 年和 1986年的威尼斯双年展，以及 1987 年的第 8 届德国卡塞尔文献展。此外，他在白教堂美术馆、色本特美术馆和白色立体美术馆等均举办过个人作品展。1994年，葛姆雷以他卓越的艺术天赋获得英国视觉艺术最高成就特纳奖（Turner Prize），1999 年获得英国伦敦南岸视觉艺术奖（South Bank Prize for Visual Art），2007 年获得伯恩哈德·海里格尔雕塑奖，2013 年获得日本皇室世界文华奖等。

一、葛姆雷初入艺术世界

葛姆雷的伟大成就与他的生活经历是分不开的。葛姆雷的家庭主要信奉天主教，或许是其家庭有天主教信仰的缘由，他从小就被教育"身体是罪恶的源

---

* 本文原载于《美术观察》2017年第1期，与安燕玲合作，收入本书时略有删改。

泉"①，并被灌输灵魂与身体分离的观念，这也形成了其今后创作"身体概念"雕塑的一个因素。1968—1971 年，葛姆雷就读于世界闻名的剑桥大学三一学院，研究考古学、人类学以及艺术史。恰恰由于三一学院考古学及人类学的学习经历，致使他后来的一些人体雕塑被搬运到海滩、山顶，又或者高层建筑之上，其作品在特殊的环境中产生出与世隔绝的气息，像是刚出土的器物一样。1971 年，21 岁的葛姆雷在结束剑桥大学的学业之后独自前往印度，在前往印度的路上花费了近一年的时间游览各地，之后在印度待了近两年，大部分时间用在了研究宗教上。葛姆雷一心向往印度源于听到过印度的西塔琴（Sitar）所演奏的音乐，或许让葛姆雷对印度产生强烈的好奇心的原因不止这一点。事实上，在这之前葛姆雷就有过去印度的经历，那是 1969 年葛姆雷刚进入大学后的首个长假，大概有几个月的时间。

1971—1974 年游历欧洲、亚洲各国的寺庙进行佛教冥想的研究，为之后葛姆雷的长期创作奠定了丰厚的创作思想基础，其后来的多件作品也源自其在印度的经历。例如，葛姆雷在 1973 年创作的《睡宫》《沉睡之地》（Sleeping Place）、《形态》（Figure）等作品的经验就直接来源于其在印度的所见所闻（见图 1）。在印度，葛姆雷花费了大量时间研究佛教并时常在大街上或火车站看到裹着被单睡觉的人，他们不受外界事物的干扰，沉浸在自我封闭的狭小空间里安静地熟睡。回到英国之后，葛姆雷邀请他的朋友披上沾了浆的被单躺在地板上，还原其在印度所见。被单下的身躯犹如一件件雕塑或建筑建构，葛姆雷通过这件作品试图找出一种方法、一种通道，能够使身体与环境相联系，从而让世人看到人性最脆弱的一面。

结束印度游行之后，葛姆雷回到英国并开始长达 6 年的艺术学院的专业训练，1974—1975 年在伦敦中心艺术学院学习，1975—1977 年在伦敦哥顿史密斯艺术学院学习，1977—1979 年在伦敦斯雷德美术学院学习。艺术院校的专业学习为葛姆雷后来的艺术创作奠定了丰厚的理论基础，也推动了其艺术

---

① 段澄. 作为觉知的雕塑：安东尼·葛姆雷雕塑作品中的观念性解读［J］. 人文天下，2022（3）：78-80.

图 1　安东尼·葛姆雷和他的作品合影

道路的步伐。葛姆雷后来的雕塑大多展示的是剧场性表演的真实性，一种健康的享受，他的作品揭示了一种更深思与冥想的情感，当然这和他从小就受天主教影响及其在印度大量研究宗教有关。

二、"土地"作为表现的意象

　　葛姆雷的雕塑不仅强调生命本身的存在，也强调作品与公众之间的互动关系，如他的"土地"创作。葛姆雷的"土地"作品，即利用黏土制成成千上万的小泥人布满房间，瓦尔特·德·玛利亚（Walter de Maria，1935 年出生）对葛姆雷的影响直接导致了其"土地"的问世，葛姆雷曾公开表示很欣赏玛利亚 1977 年在纽约 SoHo 工作室创作的那件作品，展厅被堆成山丘的土壤占据，山丘上长满草丛，达到一种视觉充盈的效果①。1989 年，葛姆雷开始创作

① 霍尔本.安东尼·葛姆雷谈雕塑［M］.谢久旺，译.北京：北京美术摄影出版社，2016.

"土地"主题雕塑，他想把他的艺术推广到世界各国，以独特的视角和语言表达有关艺术、社会和环境的关系，"土地"的制作过程是把艺术从自我表达扩展为集体的意识。葛姆雷于1993年创作的《欧洲土地》（见图2）是由约4万个小泥人组成，每个高8—26厘米，这些元素都经过了修整磨光、火烧着色等工序。1997年，《欧洲土地》被装置在德国基尔艺术馆，小泥人完全主宰所装置的那个空间，场面极其震撼，让人们难以靠近，仿佛大地正与我们对视。

图2　安东尼·葛姆雷，《欧洲土地》，高8—26cm，1993年

　　2003年，葛姆雷创作的《亚洲土地》（见图3）是《欧洲土地》的延续，以125吨中国广东红色的黏土为材料，在葛姆雷的指导下，由300多位广东的小学生及其家长共同完成制作21万个小泥人，并将小泥人全部加上特有的眼睛。《亚洲土地》的布置占满了整个房间，把观者排除在室外，只允许视觉上的靠近。葛姆雷选择在广州新建成的一座建筑内展览《亚洲土地》，之后陆续在北京天安门旁边的革命历史博物馆、上海浦东的市府粮库、重庆市中心的防空洞等地巡展，从选择展览的地点来看，葛姆雷无疑希望作品与所处的环境相对应。此外，有人认为葛姆雷"土地"的创作是对全球人口过剩发出

图 3 安东尼·葛姆雷，《亚洲土地》，高 8—26cm，2003 年

的口号，全球有着近 70 亿的人口，地球正逐渐靠一种不平衡的能力来支持人类的物种，最终，人类的灭亡是不可避免的，这也决定着我们在星球生命部分中的时间有多长的问题。葛姆雷认为，这种情况牵扯到人类自身能否依靠我们的智力在自然中发觉我们的本性和我们自身的问题，达到一种"超我"的状态，否则人类会被自身毁灭。①

三、"自我"生存意识的回归

在葛姆雷的艺术创作生涯中，"身体概念"一直是葛姆雷不断探索创作的主题而且从未被终止过，他总是以自己的身体作为原型，并以此为出发点来探索身体与其寓居之间的空间关系。在葛姆雷的作品中，人体形式常被作为空间和时间的索引符号。葛姆雷以自己的身体作为创作的模具，经过技术和

① TANSINI L. Antony Gormley [EB/OL]. (2012–11–01) [2024–04–23]. https://sculpturemagazine. art/antony–gormley/.

数学的再处理，有意识地展现从具体到一般再到普遍的这样一个过渡。[①] 例如，1997 年 5 月在伦敦市中心展出的《视界》（*Event Horizon*），以黑瓦德画廊为中心，在方圆一英里范围内，31 个以自己身体为原型创作的身体被放置在泰晤士河两岸的 20 多个公共地带。

葛姆雷 1997 年创作的《别处》（见图 4）扩展到 100 个类似的人体雕像，这些雕像全部是以葛姆雷自己的身体作为模型翻制并铸造而成的，最终被永久竖立在德国库克斯港的浅滩里。雕像全部面向海洋，相互之间相隔数里，以同样高的视平线散布于 2.5 公里的海岸线上，入海 1 公里。有的被竖立在沙滩上，有的则被埋入地下，静静地站立在沙滩与大海中，遥望远处的天际线。然而每一次涨潮之时，这些雕像都会被海水淹没，消失于海水中，当人们身临其境时，会不由自主地思考对象与场域之间的呼应关系。海平面是自

图 4　安东尼·葛姆雷，《别处》，高 189cm×100 组，1997 年，德国

① 孙川，蒋继华. 身体与空间的对话：从安东尼·葛姆雷的装置回归意识谈起 [J]. 美术观察，2014（4）：145–147.

然的产物，每时每刻都在流动，而这些雕像属于工业产物，葛姆雷创作这些雕塑是在有意用工业时间对抗自然时间，在装置地点的变化中寻求平衡，选择能触动他的地点去创作这些作品，使作品与环境相互作用，相互流通。保罗·B.富兰克林（Paul B. Franklin）认为葛姆雷利用被组装的不同的身体姿态，试图唤起不同的人的心理状态——羞愧、内疚、骄傲、宁静、力量等。[①]因此，葛姆雷更关注作品表象下的内在情感，基于建筑理念而非传统的解剖，通过这些个体模具来唤起人们的情感。他的雕塑是在探索我们的身体如何被占据，以及我们的身体如何占据空间。葛姆雷拯救了不断在探索如高更"我们从哪里来"的问题的人们。[②]我们应该不断反思"我们是谁，我们从哪里来，我们将去哪里"，这是"自我"的探寻。

葛姆雷另一件伟大的作品《北方天使》（见图5）创作于1995—1998年，其安装成本达到100万英镑，资金大部分来自公共基金。1998年，《北方天使》被永久安置在北英格兰，成为其地标性雕塑。作品高度达20米，翼展54米，重200吨，地基500吨。《北方天使》旁边的小山上是一个废弃煤矿的井口，也是英国采煤业终结的标志，天使代表着对过去工业的一种抵抗，并且是煤矿山的目击者。《北方天使》是葛姆雷在1987年创作《交通工具》之后对科技和冥想达到的一种高度的标志，《北方天使》是从《交通工具》发展而来的，天使中的翅膀来自机翼，并增加了人的成分，这也是葛姆雷创作中对"身体概念"不断探索的映射。

葛姆雷不仅创作雕塑，也时常绘画，但他的绘画是为其雕塑服务的一种形式，与美国雕塑家大卫·史密斯（David Smith）的绘画是为其雕塑服务一样。然而，无论是在雕塑还是在绘画中，葛姆雷的作品反复出现的一个主题就是"人体概念"。尽管葛姆雷视野中的身体的灵感来自传统，但他传达的是

---

① SCULPTOR A G. NEW STATESMAN, 2013:70. If we lose our curiosity, we become less than human [EB/OL]. (2013–12–12)[2024–04–22]. https://www.newstatesman.com/politics/2013/12/ns-centenary-questionnaire-antony-gormley.

② SHAR R. Antony Gormley [EB/OL]. (2019–11–24)[2024–04–22]. https://www.theartstory.org/artist/gormley-antony/.

图 5　安东尼·葛姆雷，《北方天使》，高 2000cm，1998 年，北英格兰

新的知识。在葛姆雷的人体概念创作中，无论是早期的《大地、大海、天空》系列（1982 年）、《生长》（1987 年）、《折叠》（1988 年）、《欧洲土地》（1993 年）等，还是后来的《量子云》（2000 年）、《领域》（2001 年）、《亚洲土地》（2003 年）、《依然站立》（2011 年）、《扩展领域》（见图 6）等，大部分作品集中在对男性裸体的塑造上，很少出现女性形象，即便是出现也是变形了的女性身体，如《走进澳大利亚》（见图 7）作品中的罗兰·威廉姆斯，葛姆雷有意把威廉姆斯的乳房拉长。按照葛姆雷自己的解释，对男性裸体创作更多的是展览多于对性的诠释，作品偏向人性弱点多于人性优势，通过不同的纹理和肤色的男性可以探索人性的意义。[①] 葛姆雷本身承认他被一个反对一切疾苦的男性概念吸引，这是他的创作中大量出现男性裸体概念的原因。

---

① 德容. 对话安东尼·葛姆雷：成为虚无 [J]. 胡雪丹，译. 世界美术，2011（3）：20–25.

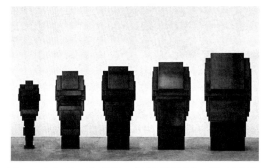

图 6　安东尼·葛姆雷，《扩展领域》，尺寸不等，
　　　2014 年

图 7　安东尼·葛姆雷，《走进澳大
　　　利亚》，尺寸不等，2003 年

四、多种形式语言的探索

极简主义雕塑家理查德·塞拉（Richard Serra）也是葛姆雷公开赞赏过的一位雕塑家，葛姆雷认为雕塑是在我们认知世界的挑战行为过程中最深远的一种方式，而塞拉的雕塑是绕过我们通常的阅读方式，对躯体、触觉的物理最直接的体验。[①] 从葛姆雷的雕塑作品《形式》（2013 年）以及《流形》系列绘画可以看出其明显受到了塞拉 1969 年的作品《盒子》（见图 8）的影响。2014 年，葛姆雷创作的《呢喃》和《扩展领域》明显可以看出受到了大卫·史密斯后期大型作品《立方体》系列的感染。葛姆雷借助《扩展领域》试图创造一个黑暗无边并难以达到的空间，这个空间里有身体的共鸣，空间是不断扩展的，就像《呢喃》一样，在某种程度上反映了无限扩展的

图 8　理查德·塞拉，《盒子》，尺寸不等，
　　　1969 年

---

① POWELL L. Interview with Antony Gormley [EB/OL].（2011-11-17）[2024-04-23]. https://newint.org/features/web-exclusive/2011/11/17/antony-gormley-interview.

时空。正如他早期的作品《满碗》(1977—1978 年),大碗套小碗,层层向外推延,碗的中心是空洞的,层层向外推延的碗的边界让人有种不确定感,仿佛边界会无限地延伸下去,葛姆雷表示这是在暗示空间的扩展和不确定性存在着某种关联。所以说,即便葛姆雷不是以身体概念作为主要对象创作作品,也是在探索空间形式的轨迹上,这就是葛姆雷除了身体概念之外的第二条创作主线。

《屯蒙》(Host)最初是葛姆雷在 1991 年为美国查尔斯的老城监狱所构想的,1997 年于德国基尔艺术馆再现,海水与红土按 1∶1 的比例调配,体积约 95 立方米,水平线高 23 厘米。2006 年 3 月至 8 月,《屯蒙》在北京常青画廊再次出现在世人的视野中,作品采用来自北京昌平的红土和天津沿岸的海水形成 1∶1 的比例进行设置,给观者以视觉和感官上的不同体验,是人类社会与自然之间关系的又一次探索。葛姆雷本人将这件作品描述为"生命化育之地",将自然中最原始就存在的土壤和海水引进博物馆或展览馆,作品的整体感觉像是一幅挂在墙上的画,人们可以随时观察它的变动。《屯蒙》打破了人们原有的观看方式和建筑结构的稳定性,思考水、土地与生命之间的可能性。在材质的选择上,葛姆雷也不断利用多种材质探索不同的形式,如其早期作品《床》(1980 年),利用 600 块面包片作为材质,利用 3 个月的时间在面包上塑造了两个相对而卧的身体,通过这种方式把面包被吃的记忆保存下来,而不是永远消失。

2006 年夏,葛姆雷耗费 6 周时间用 30 吨废弃建材家具建成高约 19 米、宽约 5 米的大型人体雕塑《废弃物雕像》(Waste Man),最后用一把火将其燃尽并记录。于葛姆雷而言,这是用生活废弃物进行组装的人体,将物质转换成能量的一种形式,象征着被束缚的犹太人得到重生和解放。从某种意义上而言,燃烧同样是一种反收藏、反存在的艺术形式。不仅如此,葛姆雷时常探寻不同的体验形式,如在《盲光》(2007 年)中探索人在时间和空间里被遣散了的意识体验,在《呼吸》(2012 年)中用尼龙材质研究人在呼吸状态下的变幻。

五、结语

米开朗琪罗曾说伟大的雕塑家都是探索人的身体的,无疑葛姆雷是这个时代最值得尊敬的雕塑家。葛姆雷始终走在身体与环境之间的关系的探索边缘,通过艺术不断地创作并寻找答案,而空间和身体也构成了葛姆雷创作的两条主线。葛姆雷独特的雕塑创作形式和灵活的创作手法以及对材质的敏感度,无疑扩展了雕塑媒介的范畴。在葛姆雷的创作中,他始终认为艺术不应受市场及其他因素的影响,他把艺术当成生活的一部分,以雕塑最基本的形态探索人的存在方式和未知的世界。按照弗洛伊德的精神分析学解释,葛姆雷以自己的身体作为创作的开端,其在创作的过程中不断地找寻"自我"以期达到"超我"的理想状态。

尽管在《学会思考》(1991年)、《时间层》(2006年)、《地平线之域》(2010—2012年)、《依然站立》(2011—2012年)、《扩展领域》(2014年)等雕塑的创作中,葛姆雷总是以自己的身体作为模具,但他本人却表示这些以他自己身体制作的雕塑只不过是可以容纳他身体的一种场所,或者可以说是他的房子、城市,即便是他自己的肉体也不属于他自己,他认为他的肉体之躯只是他灵魂的载体,是精神感知外界事物的桥梁和必要的物质条件。[①]

葛姆雷总是在变幻的装置地点或特定的地点与作品之间寻求一种平衡,艺术被安置在自然的空间中是一种绝对的自由,其作品摆脱了长久以来雕塑基座的束缚,无论外界的自然条件如何变幻,是阴天还是下雨,这些作品都真切地存在于自然空间中,不要被安置在博物馆或美术馆保护起来。因地制宜,将作品与环境有机地结合在一起是葛姆雷区别于其他雕塑家的地方。

---

① 冬月. 开启空间的另一扇门:从安东尼·葛姆雷个展《另一个奇异》谈起 [J]. 雕塑, 2009 (6): 83.

文化与实践研究

用艺术点亮城市文化空间*

　　在以文化建设带动城市建设的实践中，艺术日益成为城市转型的重要助推器。从城市建设到城市更新，越来越多的美术元素融入公共空间，并以小中见大的特质，提升城市功能品质，彰显城市特色品位，满足人民美好生活需要。从连接生活和空间美学出发，充分发挥艺术优势，有助于增强城市的生命力与艺术的延展性，以艺术的方式提升城市文化品位、整体形象和发展品质。

　　以艺术设计美化城市公共设施，延续城市文脉。公共设施是城市美学的载体，也是城市文化的窗口（见图1）。如今，不论是小型服务设施，如路标、座椅、公交站亭等，还是大型交通设施，如地铁站、火车站、机场等，在城市建设中都越来越受重视。在深入挖掘城市人文资源、梳理历史文脉的基础上，通过艺术手法将其丰富意蕴转化为设计元素，运用到城市公共设施的整体规划中，能够有效提升城市公共空间品质，彰显城市品格。例如，杭州地处江南水乡，拥有深厚的文化底蕴，故其城市色调以淡雅的低饱和色彩为主，力求体现水墨画般的韵味。同时，杭州城市中的部分标识融入市花桂花、西湖、钱塘江等代表性图案元素，以精妙的现代设计凸显地域文化特色，使城市魅力流淌于每一条街道。

　　以艺术活动融入城市社区发展，激发城市活力。美好的社区生活，不仅在于人居环境美化，还在于人们精神生活富足，有着强烈的归属感和文化认同感。艺术活动成为以艺术联结人与城市的一种有效方式。它往往由艺术家

---

　　* 本文原载于《人民日报》2022年9月11日第8版美术副刊，收入本书时略有删改。

图 1　王中、熊时涛、李震、武定宇等,《星河》,高 4000cm,2019 年,武汉

发起，通过不同的艺术形式促进人际互动，加强社群凝聚力，提升艺术修养，丰富城市文化生活。例如，在北京市西城区杨梅竹斜街，艺术家团队利用闲置空间创新打造了"胡同花草堂"，收集废弃容器作为花盆，鼓励居民通过养花、种菜等活动增进交流（见图2）。随着居民参与度日益提升，邻里关系更加融洽，社区环境得到显著改善。这一艺术实践也为城市历史文化街区有机

图2　北京市西城区杨梅竹斜街公共艺术作品

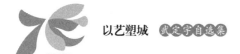

更新提供了新方案。在上海市虹口区广中路街道，上海大学、上海美术学院的师生团队走入社区，与居民深度交流，用艺术的方式记录百姓故事。同时，团队通过手绘等方式改造垃圾桶、宣传垃圾分类理念，使艺术真正服务大众，提升居民的获得感、幸福感和安全感。多种艺术活动的开展，为人们提供了新的交流途径，为闲置的社区空间注入了文化活力，使城市文化建设的主体不再只是艺术家，而是每一位身处其中的居民。

以艺术作品点亮城市空间，塑造城市品牌。城市品牌建设不仅需要开展城市色彩规划、城市标识设计等，更需要令人印象深刻的城市"艺术名片"。例如，大众熟知的城市雕塑《黄河母亲》《开荒牛》《五羊石像》（见图3），分别代表了兰州、广州与深圳的城市文化、历史和精神。从体量上看，这些雕塑虽不如大型建筑醒目，却以独特的艺术创造成为几代人的共同记忆，影响着人们对城市的认识。优秀的艺术作品，还可以搭建起公众与城市对话的桥梁。例如，地铁空间的艺术创作，越来越注重对地域文化历史的挖掘。通过

图 3　尹积昌、陈本宗、孔繁伟，《五羊石像》，高 1100cm，1960 年，广州

艺术的形式将其提炼、放大，可以提升地区知名度、强化人们的记忆。例如，长春轨道交通一匡街站内的大型壁画《工业记忆》，将齿轮、转轴、管道等工业生产中具有代表意义的机械元素加以组合、重构，辅以长春工业机械制造史，向来往的行人讲述着工业留给这座城市的珍贵印记。与之类似的还有北京地铁清华东路站的《学子记忆》、深圳地铁红岭北站的《深圳记忆》等一批以"城市记忆"为主题的地铁公共艺术。这些作品巧妙地诠释了站点所在地的文化底蕴，将地铁站变为小型展馆，让艺术空间化、空间艺术化，使人们进入地铁站时能够通过具有独特文化气质与审美取向的艺术作品，了解该地的人文历史，感受城市文化的丰富多彩。

如今，各地正在有序推进城市更新，这为城市设计和公共艺术的融合发展带来了新的契机。统筹运用不同门类的艺术，共同参与城市空间、视觉、文化等多层面的生态建构，将为城市带来更多人文气息与发展活力。

不止是山水[*]

——当代山水精神的传承与创新

　　"山水""山水艺术"与"山水文化"，是我们在讨论中国文学艺术形式时经常会提到的一些词汇。"山水"为其中的核心词，是中国文化精神的一种代表，本身包含了丰富的寓意，其文化的精神形态主要指山水美学、山水园林、山水文学、山水绘画以及人与自然关系的哲学思想，并具有其他词汇所无法替代的文化内涵。在中国特殊的文化语境中，该词并不完全等同于客观世界中"山""水"自然景观的简单组合，而是经历了从物质实体到精神表征的历练过程，指向了一种更加纯粹的精神状态，也即"山水精神"。"山水精神"表现的不只是一种令人愉悦的自然景物，更是中国人的内敛情怀、原始的人生愿景、复杂的处世态度、深奥的艺术智慧，以及自然观、宇宙观和人生观的载体。

　　这种"山水精神"不仅表现在中国的传统山水画视觉图像之中，也表现在普通中国人的生活观念之中。无论在皇室宫廷，还是民间的三教九流社会，"山水文化"都在发挥它的作用，可以说，"人人皆有山水精神"①。圣人和艺术家都有意识地传达出他们的山水情怀，其中中国古代思想家是从"形而上"的层面感知"山水"，凝练出"山水文化"的思想精髓，在他们眼中，"山水"是一种"道"的精神，即涵盖了天道、地道、人道和王道之山水精神，它不

---

* 本文原载于《美术观察》2019年第12期，与姚珊珊、苏典娜合作，收入本书时略有删改。

① 徐复观曾说："人人皆有艺术精神，但艺术精神的自觉，既有各种层次之不同，也可以只成为人生中的享受，而不必一定落实为艺术品的创造，因为'表出'与'表现'，本是两个阶段的事。"徐复观.中国艺术精神［M］.上海：华东师范大学出版社，2001：30.

单观照了华夏人期求藏风得水、山水和谐养人、艺术家技艺巧夺天工的愿望，还寄予了齐家、治国、济世之乌托邦理想和修身养性的人文精神；而艺术家是从"形而下"与"形而上"的共构层面宣泄或者塑造"山水"，是对根据山水文化精神提炼出来的"山水意象"进行的一种再创造。这不仅是对"山水"的审美表现，更是一种人文情怀。这种情怀是中国特殊的文化历史和人文精神积淀发展的结果，是中华民族在有意识或者无意识的创造与劳作中历练出的一种特有的人文精神。

当今在全球化的信息社会中，人们往往推崇科学技术与理性至上，自然形态的"山水"及其文化观念似乎和我们渐行渐远。然而，中国文化血脉中的"山水文化"衍生出的独特"山水精神"仍在延续，"山水"作为一种文化媒介在当下产生了新的作用，在中国的当代艺术家的创作那里得以承袭与嬗变。当代艺术家在对"山水文化"及"山水精神"进行再诠释与再建构的过程中创造出了一种新的"山水意象"。它成为一种重新引导人们探索世界本质、认知自我文化身份的思考方式——山水已"不止是山水"。在这个过程中，我们不难发现"山水"之中所隐含的是艺术家的一种思想表述，他们通常希望通过创作来挑战观者原本的文化定位和思想定式，通过作品来引发观者对当下现实生活的反思，进而表达对山水之境的向往，或对山水精神的追求。如今这种"山水意象"涉及装置、雕塑、建筑等当代艺术的方方面面，丰富着我们对当代艺术的想象。

一、作为视觉图式的当代山水

"山水"作为一种视觉图式，在古今画作中屡见不鲜，历代文人墨客借古开今，在前人范式的基础上续写山水图式脉络，同时借绘画以抒情达意。在当代艺术创作中，这种图式不再局限于绘画这一平面媒介，而是生发出诸多面貌，有了更多的可能性。吕胜中正是这样探索"山水精神"的中国当代艺术家，他不仅用小红人的剪纸为现代生活中精神上漂泊无根、失魂落魄的人们建造了文化精神的"招魂堂"，还直接用《山水书房》（见图 1）这样的互动

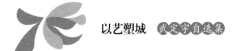

图 1　吕胜中创作的《山水书房》

装置作品对传统山水画巨作《夏景山口待渡图》进行了视觉图式的改造，开创了一片属于当代人的山水世界。

在《山水书房》中，吕胜中将近 6000 本各类废旧书刊放置在书架上，重新包装书脊和封皮，与书房空间一起组成了董源的《夏景山口待渡图》画面，并充分利用了山水画平远构图的开阔视野与诗情画意，让观众能够在此切实体验到山水画的"可游可居"。人们可以在不到 40 平方米的书房空间里行走、栖息，随意地抽取和放置书籍或席地而坐，捧一本书在书桌前细细品读，进入书的精神空间，并由此改变山水画的视觉画面，形成与"山水"无意识的对话。

吕胜中为什么选择"山水"包裹书房，山水的精神在这座书房里承担着什么作用，成全了这座书房的什么意义？艺术家在《山水书房》中把具象的"山水"变为抽象的"山水精神"，又变为一种当代的空间视觉图式，这种空间视觉图式并不局限于具体的山水图像与山水营造的图像，而是一种结合了当代人对自我的思考与对世界的认知。在此，"山水"的概念不是某一处风景，而是心境包容世界、宇宙，包容人类文明的一种视觉图式。[1]当代的许多艺术家选择了"山水"这一视觉图式作为表达媒介，正是因为"山水"所寄托着的独特的精神世界。古代的文人雅士行走于名山大川之间，写景寄情，即便无法时时前往也会将一幅山水画悬挂于书房，让青山绿水常伴左右，可游可居。到了当代，除了寄情之外，"山水"还成为中国传统文化精神的一种浓缩，"山水画"不再是某一文人的内心独白，而成为一种特定的视觉图示。

二、作为工业社会生存空间的当代山水

当真山真水变成了钢筋水泥，自然山水与人们的生活"断裂"，人与自然山水的关系就从体悟、表达变成了遥不可及的观望和向往，但"山水精神"并没有因而成为历史，反而在工业化、城市化的变革中滋生了新的含义。

过去，名山大川虽令人向往，但人们的日常生活也较为贴近山水田园，因此可游可居的自然景象本身就是当时人们的生存环境。"寄情于景"，在那样的语境中，山水自然能引发、寄托许多情感与哲思。如今，雾霾、噪声、电子通信充斥着都市生活的快节奏，人们的生存空间变成了喧嚣的"楼宇森林"，所引发的也是基于当下社会的思考和叛逆。但无论是古代自然山水还是当代城市山水，作为生存环境和反思客体，所承担的作用和被赋予的意义从方法上说是较为相似的，不同的只是古今人们的生存方式、空间、心态。也就是说，"山水"并非一成不变的概念，而是带有时代意义的生存空间。因此，"山水"也常被艺术家青睐，用以反思工业社会的生存空间。例如，有的艺术家通过对描绘"山水"的媒介材料进行探讨与创新，产生工业社会对山水空间特有的叙述；有的艺术家将山水这一曾经的理想生存空间与当代工业社会的生存空间并置对比；有的艺术家突破空间与媒介的限制，以"山水"寄情，表达对工业社会的思考，或在都市丛林中寻找当代人的精神居所。

---

[1] 吕胜中.《山水书房》作品［EB/OL］.（2013–11–01）［2024–04–22］. https://www.cafa.com.cn/cn/opinions/reviews/details/838024.

雕塑家展望就进行过不少关于当代山水的创作，通过创作表达关于当代空间的叙述。他认为："山水显然已不是那个有着文人传统的山水，它所展现的是有着另一种如梦如幻的生存空间。"[①] 在工业化浪潮的冲击下，展望于1995年开始了其"假山石"系列的创作，使用常见于中国古代园林造景中的太湖石作为原型。太湖石亦被称为假山石，长久以来已经成为每个中国人熟悉的文化符号，而展望以不锈钢直接翻制太湖石，将其放置在新的城市建筑中成为"新式园林"的一部分。此时展望创作的"假山石"系列更多的是从这一元素出发思考其与当下工业社会的关系。到了1998年，展望更多关注的则是这一元素与空间的关系。在《公海浮石》计划中，他将"假山石"放入公海任其漂浮，这个空间是不属于任何人、任何政治区域的完全自由的空间。传统中关于"山水"的艺术创造多为艺术家对自然体悟的表达，而在这里，"山"与"水"的组合早已不同于以往的概念和意义，展望所表达的是对其所处工业时代的思考。

在另一件作品《都市山水——看！新北京》（见图2）中，展望用现代社会所特有的不锈钢餐具堆积成城市的样貌，所表达的不再是传统意义上的山水，而是现代社会所特有的城市景观——假山水景观。他所构建的"都市山水"是一个大型运动场的形状，外高中低。在现实中，北京二环以内的老城区不允许造高楼，于是二环外的楼房越建越高，形成一个运动场看台的形状，就如同现场观众在外围要想看到里面，也会越站越高，如此形成一个新的观众的运动场。运动场和围观运动场成为我们这个时代的标志，也因此形成了俯览传统与仰视现代的奇妙景观。[②]

此外，我们还可见到，在姚璐的"中国景观"系列作品中，看似古代山水画的青山绿石，实则由建筑工地中用以遮盖建筑材料的绿色防尘布构成，其间点缀的"士大夫"和"渔人樵夫"其实是头戴安全帽的建筑工人。在形式上，为了诠释对于"山水"的思考，雕塑、绘画、摄影等艺术语言的边界

---

① 高原.传统山水艺术在中国当代雕塑创作中的新表象研究［D］.北京：北京服装学院，2013：9.

② 展望.我的宇宙：创作心路1990—2013［J］.美术向导，2014（4）：25.

图 2　展望创作的《都市山水——看！新北京》

已被打破；在内容上，艺术家们所选择的"山水"，一方面作为自然之物，是众人的精神向往，并作为艺术创作中的元素之一而被持续使用；另一方面，在当代远离自然山水的城市喧嚣中，"山水"已然成为一种与传统全然不同的工业社会空间，并被赋予新的意义，激发新的思考。

三、作为反思媒介的当代山水

时代不断更迭，名山大川却一直存留于这片土地之上，成为古今历史沉默的见证，我们能够见到不同时代的两幅画作之中所描绘的同一片山川，构成某种对比和连接。因此，在当代的艺术创作中，"山水"不仅是艺术创作中的一种视觉图示和自然元素，还是艺术家借以反思传统文化与现代生活之间关系的重要媒介，在个体艺术家身上，则体现为其对"山水"的个人理解。

当代艺术家徐冰的《背后的故事》《桃花源的理想一定要实现》等作品中，体现了"山水"的这种反思人与社会、自然关系的媒介作用。2004 年开

始，徐冰在得知"博物馆背后的故事"之后，就用中国传统山水元素创作以《背后的故事》为题的系列作品，将干枯的树枝、废弃的麻绳等"破烂"错落有致地摆放成一幅幅鲜活的山水画。由于材料离玻璃的远近不同，其显现的影状有的如同皴、擦、点、染的笔法一样清晰可见，有的形成了水墨晕染的效果。《背后的故事》不是对自然山水的直接模仿，而是仿古、变古之作，是一种艺术化处理的表达，作品本身也没有拘泥于对山水绘画的传移摹写。选择对山水绘画作品进行再创作，是徐冰对山水意境的一种个人的当代表达与思考，是艺术家对"山水画"意义的创造性诠释。

另外，2014 年徐冰在英国伦敦 V&A 博物馆完成的《桃花源的理想一定要实现》（见图 3），是在伦敦这座现代工业文明繁荣的城市，直接用自然的中国山石、植物等创造一种令人恍若置身其中的空间意象，作品更加强调从自然中追寻中国古代人理想主义中特有的"山水精神"，并利用真实与错觉交织的空间，折射出对现代文明的反思。人类都向往一个"自然的、没有任何政

图 3 徐冰创作的《桃花源的理想一定要实现》

治诱导的、平等的、和谐的生活"①，"桃花源"无论是在中国古代的农耕社会，还是西方现代工业文明社会，都作为一个山水理想而存在。在工业化、喧嚣的现代城市，这个理想生活虽然似乎离我们越来越远，但是永远让人类为之奋斗、挣扎，甚至癫狂，也是人类寻求的内心归宿。

在一部纪录片里，徐冰在高楼里的工作室大玻璃上写下"城市山水卷"的新英文书法，他对山水的解读超越了传统的自然山水，走向了抽象的山水符号。他的诸多作品所探索的是山水的可复制性与中国艺术和文字的符号性关系，体现了中国人的思想方式与哲学观，也可以解释当下国内的一些发展现状。例如，对于国人来说，符号往往比内容还重要，具有符号性的物品往往更受人们的膜拜与追捧。换句话说，徐冰的作品与山水的文化精神紧密相连。他也经常采用"声东击西"的方式，通过以"山水"为象征的中国和西方不同文化的研究，表达和呈现文字与文化、自然与山水、传统与现代、人与当下的关系。

这些艺术作品所呈现的山水观，既体现了艺术家对于自然山水的技艺创造，也承袭了文人艺术家对山水主观化的创造性解读，还能看到士大夫的山水理想的影子。更重要的是，在这些作品中，山水既是艺术创作的自然元素，更是艺术家借以反思传统文化与现代生活之关系的重要媒介，山水不仅有自然的寓意与传统文化的含义，也有对现代城市文明现状的反思。

四、作为文化意象嬗变的当代山水

真实的山水已经成为人们陶冶心灵、朝拜自然的圣地，成为带有标志性、纪念碑意义的符号，山水已不止是山水。当然，山水早已不止是山水，如今，通过艺术家的创作，山水更多元的意义被表达出来，成为当代文化意象的一种精神追求，伴随着时代的变革，其文化形态也在发生着深层次的嬗变。这

---

① 徐冰 .《桃花源的理想一定要实现》于伦敦 V&A 博物馆开展［EB/OL］.（2013-11-01）［2024-04-22］. https://www.cafa.com.cn/cn/news/details/225149.

种变化常常不是具象的表达，而是隐化在艺术家们的创作之中。例如，这种文化意象体现在雕塑领域上的认知视觉化，呈现了一种与山水意象相结合的写意雕塑。这种类型的雕塑，强调将自然的意象、山水中的流韵意象贯穿写意创作，融通多种文化意象，注重写意雕塑美学理论与实践，体现了中国当代雕塑进入了一个充满文化自信和艺术自觉的时代。

写意雕塑艺术家吴为山正式将山水意象与写意精神融入人物雕塑的创作，在作品《秦始皇》《孔子》和《民族魂——鲁迅》（见图4）等名人塑像中，刀刻一样的表面肌理，使泥作的雕塑具有了山石般的质感，雕塑的凝重、

图 4　吴为山，《民族魂——鲁迅》，高 160cm，2006 年

壮美、大气与中国古代石雕有着异曲同工之妙。这样的"笔触"不仅具象地表现了人物的形体大意，而且完美地表现了人物的内在品质。同时，"笔触"一气呵成的连贯性使得雕塑表面的"泥迹"像呼吸一样连绵不断，如同中国书法用笔中的贯气，具有"笔止而意不尽"的韵味，充分体现出艺术家的精神投入，使雕塑达到高度的"气韵生动"。[①]

"山水"作为当代文化的一种意象，不仅是人们追求的精神生活高层次境界，更是文人艺术家追求的精神创作命脉，已经渗透社会生活的多个领域。

---

① 邓小刚.解读中国雕塑的写意精神：对吴为山写意雕塑和中国雕塑传统精神的思考［D］.长沙：湖南师范大学，2007：36–43.

当下人们对"山水精神"的不断追求，也使得山水文化本身成为一种显在的文化现象，并使当代山水作品成为中国传统文化在现代社会中作为文化嬗变的视觉呈现的缩影。

审视中国的当代文化语境，尤其是中国当代艺术的语境，我们会发现受到经济全球化、资本和西方当代文化的冲击与影响，我们正身处一个时代的岔路口：以中国的当代艺术语境为例，自"85 艺术思潮"之后，走向了一个全面开放呈现多元的艺术生态环境，同时，随着市场经济浪潮不断强劲的冲刷，艺术在资本市场中发生了严重异化，当代艺术像万花筒般的现状扰乱了人们的视线。正是在这样的时代背景下，我们试图在中国当代文化语境下看"山水精神"的发展与创新，对古代人的山水观进行初步的脉络梳理，并借用徐冰、吕胜中、展望、吴为山等艺术家的案例，窥探"山水"在当代社会中的嬗变，寻找当代山水如何作为一种方法、一种态度、一种批判标准、一种更为广大的创作可能，为中国的艺术带来新的契机，并追寻当代山水如何让我们穿越时空进行古今对话，如何让我们反思当下社会的困境，如何作为我们民族的人文精神，给寻找前进方向的人以一丝启迪。当代中国的艺术家倘若能认真感悟中国文化这份独有的情感，继承好这份弥足珍贵的民族遗产，把这种情感有效运用并表达出来，就是一个好作品的开始。

近年来，关于"山水"的讨论和展览并不少见，但是，有关"山水"一词在不同人群里的认知与理解，及其本身所蕴含的当代意义，人们并未予以足够的关注。在古代，"山水"不止是山水，它是普通人赖以生存的环境，是装点居室的作品，是文人士大夫寄情的境地，是地理学家测量、考察的对象，是堪舆家勘测以推人运的依据，是职业画家描摹写生的对象，是思想家以"山水"观"道"的依托。时至今日，"山水"愈加不止是山水。自然山水看似离我们的日常生活越来越远，但"山水精神"早已隐匿为文化基因存在于我们每一个人的身上，为当代社会和生活所需要。像吕胜中、徐冰、展望、吴为山这样的艺术家，用行动和山水题材的作品，塑造"山水精神"在当下社会的新艺术形态，以此唤醒"山水精神"的当代显现，希望用以解决当代

社会的不同问题（见图5）。探知"山水精神"在不同领域不同表现的发展脉络，更能够帮助我们在理论上了解过去，从而更好地运用于当下生活，在继承传统的同时，完善"山水精神"的当代观照。"山水精神"的血液，将在中国艺术家身上延续流淌，而"山水精神"的灵魂，将以崭新的姿态附着在我们新的创作之中。

在当下，对于中国文化作用与艺术的一种认识，就是这样一种"山水精神"的表述。我们所强调的是一种气息、一种思考、一种空间、一种对文化的认知，而非局限于用"山水"来进行图像的描绘。倘若艺术家把握住了这种精神，并运用到自己的艺术创作之中，就是一位将中国文化精髓注入体内，创造性地走向世界与未来的艺术家。我们相信，中国的艺术家秉持这样的"山水精神"，无论选择的是哪一条路径，只要认准了目的路标，遵循上路之后的规则，无畏地踏上征程，就会走出一片天地，绘出一路令人赞叹的风景。

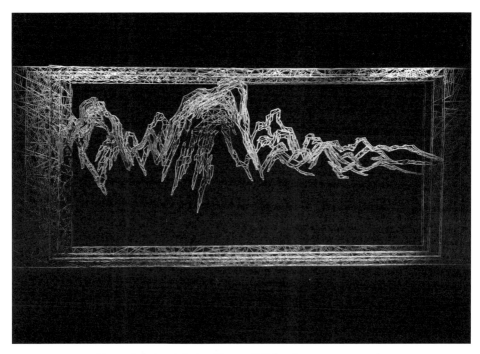

图5　武定宇，《山水可游——风竹》，高162cm，2023年

北京地铁公共艺术的探索性实践[*]

——《北京·记忆》公共艺术计划的创作思考

对于公共艺术介入轨道交通空间的记载可以追溯到 20 世纪七八十年代，其中最有名的例子是 1977 年巴黎地铁公司与巴黎市政府发布的一个长达 15 年的"文化活力计划"和随后伦敦 1981 年启动的"蜕变的车站"专项计划。[①]北京作为国内最早建设地铁的城市，紧跟时代的脚步。1984 年北京地铁 2 号线西直门、建国门、东四十条站先后展开以壁画为艺术形式、以传统文化科学发展为主要内容的艺术品创作，将艺术品引入地铁空间。从这一批作品问世至今，我国的公共艺术创作已经走过了整整 30 年。截至 2014 年年初，北京地铁已有 17 条线路投入运营，其中有 11 条线路、83 站引入了公共艺术创作，共计 128 件（组）作品（含车站一体化设计）。

由于种种原因，1987—2006 年的北京地铁建设及其公共艺术创作基本处于停滞状态，直到为迎接 2008 年北京奥运会而建设的北京地铁机场线、8 号线一期（奥运支线）等项目启动，地铁公共艺术创作才重新被提上日程。由于线路形象和功能的特殊定位，这两条线路并没有采用传统的以壁画形式介入地铁空间的方式，而是由公共艺术主导站内空间的装修设计，并进行了整体的艺术化营造。这标志着地铁公共艺术创作不仅随着新一轮北京地铁线网建设而重新启动，更因其独特的作用在新的发展时期扮演越来越重要的角色。

---

* 本文原载于《装饰》2015 年第 1 期，收入本书时略有删改。

① 武定宇 . 演变与建构：1949 年以来的中国公共艺术发展历程研究［D］. 北京：中国艺术研究院，2017.

2012 年北京市有关部门组织了地铁 6 号线一期、8 号线二期南段、9 号线北段、10 号线二期共计 33 站 50 多件公共艺术作品的创作和实施工作，将越来越多的新作品引入地铁空间，地铁公共艺术的创作形式也逐步从单一的传统壁画向更多元的艺术形式转变。^①无论从数量还是质量来看，北京地铁公共艺术创作都取得了长足的进步。随着地铁线网建设和地铁公共艺术的发展，地铁空间日渐成为城市文化传播的重要载体。就北京来说，地铁每天的人流量峰值超过 1000 万人次，也就是说每天面对地铁公共艺术的人数不少于 500 万，是美术馆和博物馆参观人数的数百倍，地铁公共艺术与公众沟通的次数是任何其他场所的艺术都无法比拟的。地铁的车站一般会选择较为核心的位置，必将成为该区域重要的公共场所，是周边区域文化精神最好的传播平台。地铁公共艺术创作通常会运用一定的艺术语言将这个区域的历史文化展现出来，但这种展现很难突破传统的"叙事"和"再现"，并没有把区域的文化能量充分挖掘、放大，也往往缺少对"当下"的一些关注和思考。如何利用好这个特有的空间，在对区域文化诠释的方式上取得新的突破；如何在满足地铁有限空间并符合基本功能需求的同时，将更加丰富的艺术手段合理有效地利用，这些都是对正在逐渐熟悉和适应地铁这一特殊空间的艺术创作者而言不容回避的问题。下面笔者就近期刚刚实施完成的一件作品的创作谈谈自己的感受与思考。

一、注重对城市文化与场所精神的挖掘，展现其精神内核

《北京·记忆》公共艺术计划位于北京地铁 8 号线南锣鼓巷站站厅层付费区墙面，长 20 米，高 3 米（见图 1、图 2）。南锣鼓巷较好地保存着元大都时期里坊的城市肌理，保留着较为完整的胡同格局，每一条胡同都有深厚的文化积淀，每一个宅院都诉说着动人的故事。它一直是北京文化历史的核心区

---

① 北京市规划委员会.北京地铁公共艺术 1965—2012 [M].北京：中国建筑工业出版社，2014：10-11.

图 1 《北京·记忆》公共艺术计划现场全景

图 2 《北京·记忆》作品细节

域，如今也是最具北京特色文化的时尚地标。在考察调研过程中，我们一直在尝试寻找其精神特质。在梳理了大量的历史文献资料，对周边的现状与功能属性进行了实地踏勘与分析后，我们深信其核心的精神就是"城市记忆"。美国哲学家爱默生说过，"城市是靠记忆而存在的"。城市是有灵魂和记忆的生命体，丧失记忆的城市即意味着文化根脉延续性的断裂与消退。① 因此，在创作中，我们紧紧抓住"记忆"这个原点，去挖掘这条历史街区、院落和物件中所隐藏的人文往事，寻找即将遗失的北京故事。

作品诠释"记忆"的灵感源于琥珀。作品整体艺术形象由 4000 余个琉璃单元体组成，以拼贴的方式呈现具有北京特色的人物和场景剪影，如街头表演、遛鸟、拉洋车等。每一个剪影由数百块琉璃块组成，每一个琉璃单元体之中封存一个北京的物件，如一枚徽章、一张粮票、一个顶针、一条珠串……我们把这些物件和它背后的单体记忆和故事，连同它们所代表的时代缩影，如同松香包裹昆虫那样封存起来（见图 3）。封存在一个墙面中的众多鲜活的记忆相互作用、相互融合，最终以一个整体的全新姿态呈现。此时，作品已经成为有着独立灵魂的记忆载体，这个记忆载体承载着无数单体记忆，并在传播与展示的过程中不断与更多的观众建立联系，催生出新的记忆，而这最终也使它更加具有包容的凝聚力和超乎想象的震撼力。它是记忆的承载者，也是记忆的传播者，更是记忆的创造者。

笔者认为，对于城市公共艺术的创作者而言，创作过程中最为重要的就是要找到精神内核，注重对场所精神的提炼与表达。公共艺术创作绝不仅是一个外在形式的探索，好的公共艺术作品本身就应该具有内在精神和特定的社会文化意义，让人们可以透过作品看到时间与空间、现实与历史、思想与情感留下的烙印，从而引发公众讨论、文化交流等一系列的互动。就像我们要找到一个艺术的种子，并让它在这里生根发芽。

---

① 芒福德. 城市发展史［M］.宋俊岭，倪文彦，译. 北京：中国建筑工业出版社，2005：101-105.

图 3　征集来的承载着北京记忆的物件

二、强调公共精神，让公众与作品同呼吸

地铁公共艺术区别于传统意义上的博物馆艺术、美术馆艺术，甚至区别于一般意义上的公共艺术。一方面是由于其大众艺术的属性，要兼顾一般大众的审美能力和趣味；另一方面是由于其庞大而复杂的受众群体，既要考虑所在地区的场所精神和文化，又要兼顾非本地区生活的人群对作品的读解能力。因此，我们在创作构思的过程中尝试促成一种当地居民的记忆与一般受众之间的某种对话，并在创作初期，通过征集、走访等方式尝试让南锣鼓巷的居民参与作品的创作。由创作者来设定交流规则，由作品来提供平台，但是交流的内容和素材则由居民来提供。最终的结果证明，引导公众参与作品的创作，不仅极大地丰富了作品的内容，完善了作品的结构，更推动了公众与作者、公众与作品、公众与公众之间的互动，使作品拓展了其社会功能。这就像20世纪70年代末挪威著名的建筑师、历史学家诺伯格·舒尔茨所说的，"城市形式并不是一种简单的构图游戏，形式背后蕴含着某种深刻的含义，每一场景都有一个故事"。置于特定场景之中并作为城市有机组成部分的公共艺术必然要成为这一故事的载体，让人们在与公共艺术品的交流和互动过程中，察知城市的历史文化，体悟城市的精神内涵，延续城市的感觉与记忆。[1]

---

[1] 陈高明，董雅. 公共艺术的场所精神与地缘文化：以天津为例［J］. 文艺争鸣，2010（8）：68.

在创作的过程中，我们运用了公开征集、目标走访、田野调查等多种手段来进行前期的数据收集，并对庞杂而琐碎的信息进行了系统梳理。一方面，通过设立官方网站和媒体，向社会发布《北京·记忆》公共艺术计划的征集启事；另一方面，组建专门的执行团队，走访北京重要的老字号商户、非物质文化遗产传承人，收集和整理那些特殊的城市记忆故事和纪念物。此外还组织了10支小分队，开展田野调查，去与长时间生活在那里的民众沟通，向他们阐释关于《北京·记忆》的创作理念，提出收藏他们的北京物件和北京记忆的请求（见图4）。在征集过程中，我们还得到了南锣鼓巷居委会的支持，通过居委会的组织与当地居民的参与，《北京·记忆》公共艺术计划的宣讲会得以成功举办，并得到了所在地居民的积极响应。民众对公共艺术的积极认可和接受程度是我们没预料到的。当然，在工作展开的初期，很多居民对这件艺术作品的执行方式并不理解，存在一定的质疑。但是经过我们工作的完善、沟通和阐述方式的改善，最终收获了居民的理解与支持。征集工作前后历时7个月，我们走访了上千位民众，收集物件共计3068件，视频与语音采访122条。经过认真筛选，最终确定将1969件物件与50条语音视频放入作品。

《北京·记忆》所追求的不单是艺术作品的呈现，艺术形式仅是其"外"在表现，更注重的是"内"在灵魂。我们要做的不仅是装点一个墙面，让它具有形式美感，更希望通过作品触发人们对这个场域的回忆与思考。这里强调的不是个人的创作和艺术风格，而是体现作品与社会、与公众，与生活在这个区域的特有人群沟通。这里没有艺术家和创作者，而只是与公众进行一种更为平等的心灵沟通。我们很看重这个过程，在这一过程中，我们不单单在寻找需要的物件和记忆，还在寻找一个个作品的参与者，把他们的记忆用物质形式记录并流传下去，让他们参与其中并产生一种自豪感与归属感。这种自豪感与归属感不断传播、延续、发酵，就会激发更多可能性，让作品获得持久的生长性和生命力。我们在向公众讲述艺术创作的同时，希望传播一种公共艺术的精神，在沟通的过程中让公众逐渐了解公共艺术，感受公共艺术，探索和体验公共艺术，提高公众对公共艺术的理解和可接受程度。这个过程是公共艺术核心价值的体现。我们在征集和讲解的过程中会遇到很多有

图 4　田野调查小组与当地居民沟通与采访

价值的问题，与公众思想的碰撞促使我们在解决和回答问题的过程中逐步完善和充实作品，也让我们更加深刻地理解公共艺术在中国存在的价值和意义。当然，一件作品的创作与公众的沟通也许不能改变什么，但它会像一颗"种子"一样生长在公众的脑海里。

三、运用跨界艺术的复合手段，强调作品的延展性与时代性

在《北京·记忆》这个作品中，我们建构了一个基于网络的延展平台，在封存物件的琉璃单元体旁边安放了二维码，并设置微信平台与其互联。市民可以用手机扫描二维码，获得征集物件背后的故事和相关视频，可以在乘车的过程中阅读，还可以通过留言的方式进行互动交流。我们还设立了《北京·记忆》的官方网站（http：//www.beijingmemory.org），记录平台中观众与作品的互动（见图5、图6）。公众可以通过登录官方网站了解每一个物件的背后故事，了解创作团队的创作理念和创作过程，在艺术作品与公众之间形成了一个生态的互动链条。这种虚拟平台赋予了作品新的生命，公众的互动参与促进了作品本身的生长，为作品的未来延展提供了可能。但毕竟地铁空

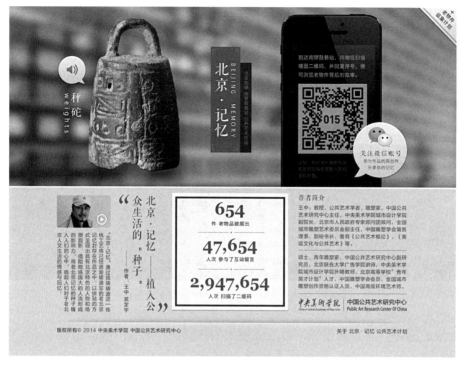

图 5 《北京·记忆》中二维码的呈现方式

图 6 《北京·记忆》作品的手机微信平台界面

间作为交通空间，留给每一个人欣赏艺术作品的时间和空间都是相当有限的，传统意义上的互动难以在这样的限定中获得良好的传播和生长效果。因此我们尝试让《北京·记忆》突破作为墙面艺术品的限制，将有限的时间和空间变为受众与作品互动的一个起点和触发点，让更多的阅读、互动发生在乘车和休息过程中，通过让观赏者将作品带走、阅读、收藏的方式，实现作品的延展和生长（见图7、图8）。

图7 《北京·记忆》作品的网站平台界面

图8 《北京·记忆》作品的互动链条

我们将《北京·记忆》称为公共艺术计划，就是要强调作品本身的计划性和系统性。在创作中，通过宣讲、征集、推广等方式和过程，体现作品的"社会性"与"公共性"，同时强调跨界艺术的多样性和互动性，将新的信息传播方式、多媒体艺术、网络空间等因素纳入作品，使作品的形式和载体更加丰富多元。用一种全新的方式阐述地域文化，展现其场所精神，抓住"记忆"这个概念，强调其多样的"生长"过程。此时的《北京·记忆》已不仅是城市公共空间物化的艺术品，随着时间的推移，它还将是一个市民互动事件、一次媒体与公众的交流，甚至会引发一个社会话题，并最终成为一个公共事件。它将是植入城市公共生活的一颗"种子"，诱发文化的"生长"。

四、结语

总之，《北京·记忆》公共艺术计划作为地铁公共艺术创作中的一次探索是具有积极意义的。首先，它强调对场所精神与地域文化的深度挖掘，找到其精神内核，并运用艺术的语言进行演绎和发展，促成文化的再生长；其次，它采用一种严谨的方法去组织策划，在作品的实施过程中注重创作者与民众的沟通，让民众参与作品创作，让作品更具"公共性"与"参与性"；最后，它强调一种探索精神，大胆地将跨界的艺术形式、复合的艺术语言有选择性地运用到艺术作品之中，打破原有单一艺术作品的概念，让作品更具生命与活力，更具时代性。《北京·记忆》公共艺术计划的这一次尝试只能算作地铁公共艺术探索中的一颗"种子"，它会和其他探索中的"种子"一起，在地铁公共艺术创作的土壤中逐渐成长壮大。

转化与新生*

——"城市记忆"系列地铁创作自述

  "城市记忆"系列主题创作是一个从虚到实逐步建立起来的艺术语言试验。起初，我只是对老旧的物件和历史情境有一种莫名的兴趣，有一些怀旧的情怀。第一次将地铁艺术创作与"城市记忆"的概念联系起来应该是南锣鼓巷《北京·记忆》这件作品。这个项目是在王中教授的带领下开展的，是他提出了这个设想，我带领团队扎进去持续两年多完成了这件作品。这次创作的过程让我获益良多，在此期间引发了我多方面的思考，每日的工作笔记最终汇编成学术论文，更重要的是让我逐步认识并爱上了这种怀旧的、借助"记忆"达成交感共鸣的艺术语言。在此之后，我陆续主持开展了北京地铁清华东路站《学子记忆》、安德里北街《古都记忆》，深圳地铁红岭北站《深圳记忆》、华强北站《深圳制造》、福田口岸站《同舟共济》，长春轨道交通1号线《光影记忆》《工业记忆》《绿色记忆》《青春记忆》等地铁公共艺术项目创作。

  选择学子记忆作为表现的主题，不仅因为作品在地理位置上临近多所高校，更因为在当代社会，几乎所有人都有着类似的求学经历和身为学子的青葱记忆。在设计中，我们探索将展示空间、交互设计和艺术品创作结合起来，在人流空间中打造一个小型的展馆，让受众在行进中感受到美术馆一样的艺术氛围和这些学子记忆所带来的温暖和快乐。我们运用三维浮雕的手法表现学子的共同记忆，并将其呈现在梯形镜面空间中，利用梯形斜面和镜面的特

---

* 本文原载于《雕塑》2018年第3期，收入本书时略有删改。

点与三维浮雕形成呼应，产生趣味性的小型展示空间（见图1）。一张薄薄的报纸，记录了国际变幻、国家发展、城市变迁和人民生活。我带领团队收集了改革开放40年来深圳地区本土具有代表性的报纸，通过特殊创作工艺技术切割重组，使作品整体呈现出一种年轮式的视觉感官；利用琉璃铸造工艺，封存每一个"记忆单体"，最终以集合的形式共同讲述文本语境中特定的"深圳记忆"（见图2）。

图1　武定宇、魏鑫，《学子记忆》，2000cm×300cm（16组），2014年，北京地铁15号线清华东站

　　红咀子站选择光影记忆作为表现主题。光影作为人对视觉感知的物质再现，通过设计，可以成为人与人沟通的视觉语言。长影，新中国第一家电影制片厂，伴随祖国一路走来，记录了新中国从积贫到富强的全过程。其中，长影拍摄的很多影片场景，如《刘三姐》里的净月潭、《朝霞》里的老南关大桥、《刘胡兰》里的新民广场，恰恰都是直接取材于长春。也正因如此，今日

图 2　武定宇，《深圳记忆》，直径 150cm，2016 年，深圳地铁 7 号线红岭北站

的我们可借由一张张珍贵的胶片，看到长春日新月异的城市变迁。选取光影记忆进行演绎，将最大限度激发观众的共鸣，触动其珍藏于内心的美好记忆。复制电影胶片，通过拼贴组合的方式，进行视觉语言上的呈现；胶片背部安置灯具，进行灯光上的展示，仿佛时间倒流，唤起人们的回忆，引发观者的共鸣。影像是时间的记录者，也是我们认知和感受一座城市岁月变迁的载体。不同时代的人们，在影像面前，却总有相同的感动与珍惜。归纳总结影片，提取经典画面以及经典元素，进行组合尝试，形成视觉符号，通过拼贴以及明度上的变化，呈现属于长春的光影记忆（见图 3）。

　　福田口岸直通香港，是"一国两制"的交汇点，也是加快推进泛珠江三角洲区域经济合作的重要口岸。作品以文化遗产龙舟和皮影戏为灵感来源，通过极具现代感和感染力的艺术手法转化传统元素，以诗意而昂扬的画面，展现了手足同胞们风雨同舟、砥砺奋进的历史进程（见图 4）。视角的切换与组合，全方位展示了在时代的潮流风浪中，人们万众一心、同舟共济的坚定信念。整个作品在建设构图的过程中，充分思考了艺术作品的创作与转换方式，通过一动一静的手法来捕捉人物的造型，在空间、色彩和形体上抓住艺

图 3　武定宇，《光影记忆》，2000cm×300cm，2017 年，长春轨道交通 1 号线红咀子站

图 4　武定宇，《同舟共济》，1280cm×335cm，2020 年，深圳地铁 10 号线福田口岸站

术的气氛、烘托艺术文化场景的营造。作品充分考虑了地域文脉和所在场地的特质，巧妙地运用了现代设计的思维和语言，希望将这个区域的时代精神和这个地域的民俗、传统工艺美术融会贯通。

"记忆"是一个很特殊的概念，它无形无相，无垠无界，却又宛在眼前，触手可及：它可以在时间的洪流中湮灭无痕，也可以刻骨铭心、千古不泯。特定群体中每个人的个体记忆都存在差异，但在差异之中又有着相通的集体记忆，它是时代的印记、历史的脉搏、文化的痕迹。总的来说，笔者对"城市记忆"系列的创作有以下几点思考。首先，一个以"记忆"为主题的作品，其创作绝不是凭空虚造，需要深入的挖掘与真切的感悟，从虚幻破碎中寻找真实与永恒。要通过大量的走访、调研去发现探索，要回到特定历史情境和现实生活场景之中去感悟"记忆"在特定场域空间中的精神内核，找寻千万个体记忆交织共通的集体记忆。其次，"记忆"主题的创作不是单纯历史场景的怀旧式再现，而是"温故而知新"的创新。温故的目的是了解历史、超越历史，实现记忆的创造性转化。其实这个过程是一个创造过程，当艺术的语言与无数的个体记忆汇聚在一起时，必将投射出共通的集体记忆，在集体与个体的对话中，也将新生出更为广大和丰富的个体与集体记忆，在记忆转化的过程中，作品变得鲜活可感。最后，"记忆"主题的创作所表现的是一种当代记忆，将曾经的旧有记忆转化为一个当代的印记，形成历史与现实的对话、前人与今人的对话。立足当下，可以利用全新的科技手段和艺术的方式来创作"记忆"，形成多元互动并最终触发记忆的传承与再造。

当然，关于"城市记忆"系列的思考和创作离不开空间场所的限制与地铁特殊功能要求的约束。"城市记忆"地铁公共艺术系列创作正是在这种虚幻与现实、传承与创新、传统与当代与地铁特有空间属性要求的交织中产生的。同时，这些"记忆"也将为我后期的设计创作带来无尽的灵感。

墨尔本文化都市创新：一条河引发的城市复兴建设[*]

墨尔本人口在澳大利亚城市中排名第二，是维多利亚州的首府城市，也是澳大利亚的文化首都、南半球的"巴黎"，因其移民的丰富性和文化的多元性等因素，同时拥有传统、现代和当代公共艺术。正是公共艺术的繁荣，成就了墨尔本"文化都市"的地位，而获得这一地位的关键是创新与可持续。

一、墨尔本公共艺术计划

墨尔本因其公共艺术计划而享有盛誉，从 CBD 的艺术创作委托，到市内公园和画廊中的展览，公共艺术计划呈现了永久和临时性作品的双重特点。墨尔本官方认为，文化对于确保市民及地区活力与繁荣至关重要。1987 年，墨尔本议会首次通过文化发展计划，其后修订两次。该计划的主要负责单位是市议会的规划、发展及环境委员会，它的行政负责部门是文化发展局。这种整体策划的系统性、针对性和可操作性，极大地促进了墨尔本公共艺术的发展。

1998 年墨尔本文化发展计划的目标主要有两点，一是用活动打造艺术之都，二是倡导现代艺术及文化活动。随后，墨尔本规划了 2004—2007 年的艺术策略，核心是参与、交流、生活和多元，强调用艺术培育和促进社区的活力。主要事项包括："土著艺术和文化"强调城市肌理、"视野"强调社区参

---

* 本文原载于《城市环境设计》2016 年第 4 期，收入本书时略有删改。

与和艺术委托、"社区服务和文化的发展"强调创造性和社区关系、"艺术空间和场所"强调富有活力的公共空间和不断变化的城市博物馆、"艺术、文物和历史"强调社会的广泛传播、"艺术投资"强调获得一种灵活支持的渠道、"创意、讨论和关键的辩论"强调多元与交流。公共艺术计划和整体策划有力地支撑了城市文化的可持续发展。

二、墨尔本新市徽

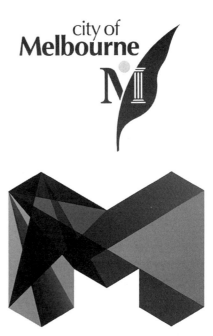

2009 年 7 月墨尔本公布了新的市徽标志设计，这个由全球著名品牌顾问机构 Landor 设计的新 "M" 字市徽将取代 20 世纪 90 年代初启用的旧树叶标志。墨尔本市长道尔表示，"新的市徽将成为墨尔本的一个符号，它象征了墨尔本市的活力、新潮和现代化。墨尔本也将一如既往地保持这些特色"。20 世纪八九十年代，澳大利亚的设计开始从一批从欧洲游学归来的青年设计师手中觉醒，随着实践展开的论战也十分实在，那就是有澳大利亚特色的设计是应该回归 "家"的温馨还是创造未来感。从简约维多利亚风格的旧树叶标志到数字化、建筑感的 M 标志，墨尔本政府有非常明确且正面的表态，"设计之都"墨尔本将要出离地域性，创造国际新型都市（见图 1）。

图 1　墨尔本新市徽

三、亚拉河畔的公共艺术

亚拉河（Yarra River）是墨尔本的母亲河，它横穿这座城市，并将其一分为二。这里曾经是 Wurundjeri 部落原住民的生命发源地，这支部落占据菲利普港湾周边地区至少 30,000 年。随着墨尔本市初具规模，亚拉河的排水能力与处理生活及工业垃圾的能力严重超过负荷，河水迅速被污染。20 世纪 70 年代开始，亚拉河的污染情况基本得到了综合的治理。尤其在 20 世纪 90 年代，面临城市复兴的关键时刻，墨尔本政府通过 20 多年长期而高效的公共建设运作，将亚拉河畔打造成艺术与休闲并存的优质滨水区。阳光洒落在清澈的河水上，沿河驻足于宜人的公共空间，欣赏富有品位的城市艺术品，这样的墨尔本连续数年被联合国评为"最适合人类居住的城市"。

沿河两岸滨水区的设计体现了很多设计团队的智慧，河流之上二十几座桥梁的建造也独具匠心，而亚拉河是这些艺术品最好的展台。墨尔本公共艺术最大的成功，在于它发掘了城市最大的艺术品——亚拉河，并通过一系列的治理措施将河水本身的光彩打磨出来，其后再用人文的精神、现代的内涵赋予河水当代的属性。

由河道污染治理引发的城市复兴建设，已经成为中国各地方城市蜂拥而夺的法宝：河多的抓主线，河少的拉长线，河窄的拓宽，没河的挖河。城市有水固然好，可是一切的建设贵在因地制宜，恰如其分。亚拉河成功的地方在于它放大了墨尔本之亚拉河的优势：阳光、开阔、休闲。这里所提到的休闲不是刻意地打造城市休闲滨河公园，将其与城市、街道、商业区隔离，那是规划之中的、概念的"休闲"。亚拉河畔的公共空间与城市是融为一体的，开敞式的，面对的河水是开敞的，面对的街区是开放的；滨水区的公共艺术作品延续着一种松散感，富有比较随性的情调，但是这种松散中又隐含着其内在的联系。

四、南门人行天桥

亚拉河上沟通南北的十几座桥梁，不仅起着交通连接的作用，而且有着结绳记事的人文价值，如一粒粒璀璨的珍珠点缀着素颜的亚拉河。南门人行天桥（Southgate Footbridge）由澳洲 CCW 公司设计，于 1989 年建成。该设计是为了更好地连接两岸的步行街。南门人行天桥并不垂直于河道，而是斜跨于河道之上。该设计源于希望创造更人性与积极的休闲互动资源，满足两岸的人行要求，同时探索人行桥与车行桥的不同之处。白色的弧线轻盈地提起桥身，一端止于亚拉河中（设桥墩支撑），另一端直插南岸驳岸，犹如纯净的彩虹浮于河上。弧形拱中央三角形的支撑结构，微微起伏的桥面钢结构作底，上铺杉木板，栏杆造型别致，轻微内倾，所有的细节都证实这是一座优雅、精致、好用、耐用的步行桥（见图 2）。

图 2　南门人行天桥

五、山德里奇大桥

山德里奇大桥是一座有历史意义的桥梁，原为铁路桥，废弃之后，于2006年被改建成一座富有公共艺术特色的行人和自行车专用桥。这是一件关于城市记忆的公共艺术作品，同时传达着这座城市的特质。

主桥体由老铁路桥拆除了钢轨后保留下来的钢梁构成，只是在西侧加入了黄色的钢梁作为新建的人行桥之用。黎巴嫩艺术家纳迪姆卡拉姆的作品《旅人》（*The Travellers*）立于桥上，由通透的玻璃墙与不锈钢剪影雕塑构成，材料语言及作品形式让沉重的旧铁轨桥焕然新生，更具有亲和力与观赏性。立于山德里奇大桥步行道旁的128块透明玻璃墙上清晰地记载了大量移民者的故事，以及墨尔本一次次的移民浪潮历史。玻璃板之上由不锈钢网络编织而成的剪影雕塑作品，在图形风格上流露着土著艺术的符号语言。因为有《旅人》的存在，山德里奇大桥才不是一座普通的步行桥，它将艺术与历史轻松自然地留在了桥上，留在了墨尔本居民的生活中（见图3）。

图 3　山德里奇大桥

六、韦伯桥

韦伯桥（Webb Bridge）造型奇特，原为韦伯码头铁路线（Webb Dock rail link）的一部分，原来的轨道在 20 世纪 90 年代末被拆除，2004 年在其南端改建了这座步行桥。桥体平面呈自由曲线，在北岸入口处，是大胆新颖的 180° 回旋弯道设计，配合银色的拱形金属交错网格，犹如一条奇异妩媚的蛟龙横卧河中。通过镂空的线条望向天空，天空也荡漾起如河水一般的波纹，静谧而唯美。行至南岸，网状金属由柱形断面的钢梁及间隔而有韵律的弧形拱构成。行走其中可以很明显地体验到一种类似列车驶去、光影游移的数字化影像。

如此天马行空的造型，在功能设计上却细致入微：入口桥面由哑光不锈钢栏杆分成人行道和自行车道，入口转弯处则由红色混凝土隔离墩隔离自行车和人流。走过 180° 别针形弯道，路面不再细分，人与自行车混行。这似乎也表明了设计师的某种观点：在桥体平面复杂变化之处，道路将更加细化和明确，而在相对平缓的中央部分，则人车混行，反而增添一种轻松自在之感（见图4、图5）。

图4　韦伯桥局部

图 5　韦伯桥

七、回船池码头雕塑作品《星座》

　　亚拉河上有曼妙的桥姿，河水两旁有创意与视觉同在的公共艺术品，走在河道旁，犹如采集蘑菇的孩子时时因隐藏于路旁的艺术品而惊喜。回船池码头位于国王桥和皇后桥之间，是墨尔本滨水改造计划中的重要项目。雕塑作品《星座》（见图6）立于码头之上，与亚拉河对话。作品用移植而来的五棵海运船柱部件作为基座，上立极富原住民色彩的图腾造像，分别是龙、男、女、鸟、狮子。这个作品记录了一个传奇，一个有关早期墨尔本移民开发墨尔本的故事，一个多元始祖的集体祭奠。只有在多元而包容的墨尔本，才会出现将动物与人类并排膜拜、龙与狮子共同现身在一组图腾中的景观。

图 6 雕塑作品《星座》

参考文献：

① 王中 . 公共艺术概论［M］. 2 版 . 北京：北京大学出版社，2014：234-242.

② 王中，叶云 . 艺术与城市一起奔跑：记墨尔本公共艺术及城市景观［J］. 雕塑，
2011（2）：72-73.

后 记

      在从雕塑到公共艺术的跨越中，我持续思考着中国公共艺术的未来方向。"公共艺术"作为一个舶来的理念，虽然已取得一些成果，但仍停留在以西方理论套嵌中国实践的"拼合"层级，尚未完成中国本土化的理论与实践体系构建，也未能真正解决中国城市发展中的现实问题。城市化的高速推进，是中国式现代化建设的突出成就，但也造成了"千城一面"、景观单一雷同、城市文化缺位、文脉断裂等问题，并由此导致居民的身心问题与城市发展的瓶颈，而艺术正是解决这个问题的"金钥匙"。

      在公共艺术和城市雕塑创作与理论探索中，我持续思考着如何以艺术的力量解决中国城市的发展问题。我希望能够提出一个观点、一种理念，乃至开创一个新方向、新学科，为时代、为社会作出真正有价值的贡献。我认为中国公共艺术的未来，在于走向"艺术城市"的新综合，以往单一的艺术景观营造已不能有效解决当下中国城市发展的复杂问题，应将艺术装点城市、艺术服务城市，推进至艺术融入城市、艺术引领城市，由此我发出了"艺术城市"的理念倡议。"艺术城市"是一套艺术与城市融合发展的有机生态系统，是艺术立体式介入和服务城市建设的一种方式，通过公共艺术和城市雕塑对城市的历史、人文、产业乃至发展愿景等"隐性"城市文化要素的梳理，用艺术的手段进行加工和凝练，通过多种途径形成可感知、可读解、有温度、能传播的"显性"文化形象。"艺术城市"建设从人文、文明的高度重新界定艺术在城市中的作用，以城市最基本的参与者——人作为出发点和归集点，关注每一个参与城市生产生活的人的所见、所思、所感，是对以人为本、人民城市为人民的城市建设价值导向的践行。同时，借助艺术在不同的城市系统、规划层面、要素类型之间建立有效互通，实现城市在内在精神气质、艺术话语逻辑和文化品牌形象上的完整性，促成城市社群文化认同、激活城市发展潜力，推动城市文化生态的繁荣与优化。

"艺术城市"生态的构建需要跨学科、跨领域的多方合作。2023 年 4 月 26 日，我起草的《艺术城市倡议》（附后）在长沙由 20 位国内外专家学者和 7 所高校、机构共同发起。这一倡议得到了来自艺术学、传播学、社会学、城市规划等各个领域同仁的认同与支持，也期待未来有更多有志之士加入我们。列斐伏尔曾提出，艺术的未来不是艺术性的，而是城市性的。他主张通过实现日常生活的艺术化，创造一种全新的、充满活力与诗意的生活。未来的中国城市，应当是物质文明与精神文明协调发展的"诗意栖居"之地，要让城市生活本身也成为艺术。我希望"艺术城市"能成为公共艺术中国化和解决中国城市化问题的一个突破点，让中国的城市成为拥有烟火气和幸福感的理想家园，积淀属于我们时代、足以传之后人的文明财富，打造构建城市文化发展的中国示范。它是中国的，未来也会成为世界的。

武定宇

《艺术城市倡议》
The Art City Initiative

城市是人类文明的摇篮。对于一座城市而言，其所富有的特质由物质塑形，也由理念铸就。特定的气候、地理、建筑、人文、历史是构成城市独特性的基因，也是一座城市特殊气质的来源。今天，文化艺术已成为城市发展的动能，是一座城市最有价值的不动产。未来，城市发展需要创造性的自由生长，艺术的张力将源源不断启发城市生命的魅力，城市与艺术交会融合，从城市艺术走向艺术城市。

艺术城市是黏合剂，将城市文化与美学品质有机融合，使人、艺术、文化与公共空间融入一种多元综合体，延展城市创新的艺术温度，使城市重新聚拢。

艺术城市是助推器，优化城市空间配置，促进城市文化产业发展，塑造城市品牌形象，彰显城市文化魅力，提升民众审美和生活品质，提高城市美誉度和认同感，创造人类新型城市生态模式。

艺术城市是文明的桥梁，"以美为媒"开展可持续的合作方法，将区域发展与国际传播联动起来，在城市舞台上推动世界人民友好交流与合作。

因此，我们需要引入整体性的城市理念，通过特色的交叉学科建设，汇集全球各种城市研究理论和行动策略，搭建人本、共享、可持续的对话交流平台，使每一个生活在城市中的个体都能将自己的构想、经验、知识、方法等综合地运用到城市建设之中。为此我们发出倡议与邀约：以城市为媒，用艺术服务城市建设，塑造城市灵魂，像伟大的艺术家、探险家那样思考、想象、言说我们栖居的城市，以集体的行动去书写我们共有的未来。

艺术城市是自然的，是无意识的一种气质追求；

艺术城市是自觉的，是人文素质的一种境界选择；

艺术城市是自性的，是人类自身基因最深处的一种气息召唤；

艺术城市是一种信仰，是承载人类灵魂的地方，是人类精神层面的外界反应，是人类所追求的生存意义；

艺术城市是一种生态文明科学；

艺术城市是一种道。

　　我们相信，一座伟大的城市，必须拥有滋养伟大艺术与艺术家的土壤和氛围。我们愿与全球伙伴携手，以艺术为纽带，以文化交流为桥梁，共同构建高品质未来之城，让城市与艺术真诚相拥，让艺术之光沐浴城市，从城市艺术走向艺术城市。

　　倡议起草人：武定宇（中国传媒大学设计学教授、广告学院副院长，中国城市雕塑家协会秘书长）